看醫生的大小事

給孩子的健康教育課

法國專業醫護人員協會 著
SPARADRAP

桑德琳‧海倫施密特 圖

新雅文化事業有限公司
www.sunya.com.hk

看醫生的大小事——給孩子的健康教育課

作　　者：法國專業醫護人員協會SPARADRAP

繪　　圖：桑德琳‧海倫施密特（Sandrine Herrenschmidt）

翻　　譯：吳定禧

責任編輯：趙慧雅

美術設計：陳雅琳

出　　版：新雅文化事業有限公司

　　　　　香港英皇道499號北角工業大廈18樓

　　　　　電話：(852) 2138 7998

　　　　　傳真：(852) 2597 4003

　　　　　網址：http://www.sunya.com.hk

　　　　　電郵：marketing@sunya.com.hk

發　　行：香港聯合書刊物流有限公司

　　　　　香港新界大埔汀麗路36號中華商務印刷大廈3字樓

　　　　　電話：(852) 2150 2100

　　　　　傳真：(852) 2407 3062

　　　　　電郵：info@suplogistics.com.hk

印　　刷：中華商務彩色印刷有限公司

　　　　　香港新界大埔汀麗路36號

版　　次：二〇二〇年七月初版

ISBN: 978-962-08-7550-2

Originally published in the French language as "Dis-moi, Docteur!"

Copyright © 2009, Albin Michel Jeunesse

Complex Chinese edition arranged by Ye Zhang Agency

Traditional Chinese Edition © 2020 Sun Ya Publications (HK) Ltd.

18/F, North Point Industrial Building, 499 King's Road, Hong Kong

Published in Hong Kong

Printed in China

序言

　　為什麼我們要去看醫生、看牙醫？遇到情緒困擾的時候可以找誰傾訴？手術治療的過程是怎樣的？照X光是什麼意思？縫合傷口的時候會不會感到很痛？

　　無論是看醫生、做健康檢查還是入院接受治療，小朋友都可能會提出大大小小關於醫學上的疑問，而家長卻往往未必能夠解答這些問題。

　　法國專業醫護人員協會SPARADRAP由一輩家長和醫護人員在1993年成立，旨在設計一系列兒童圖解健康指南，為小朋友提供實用的醫學常識和接受治療時需要知道的醫療程序，讓他們可以更安心地接受醫療服務，敢於和「白袍人員」溝通，讓往後的治療過程更加順利。

　　現在你手上的這本書結集了許多SPARADRAP健康指南的內容。小朋友可以通過有趣的圖畫和簡單的文字了解不同種類的醫療服務，例如：一般門診、牙科門診、X光化驗以及大型醫院提供的醫療服務等等。本書的內容還包括可供家長參考的實用健康知識和治療建議以及書末的詞彙表。書中以**粗體並加上星號**(*)標示的詞彙（第一次出現的時候）會在書末的詞彙表中作詳細解釋。

　　這本書涵蓋了各種健康常識和醫療問題，是每個家庭在現實生活中都會遇到的狀況，方便家長根據實際需要來參考。

　　快來帶領孩子閱讀這本書，吸收各種醫學常識和健康資訊，讓他們展開健康愉快的人生。

法國專業醫護人員協會SPARADRAP

目錄

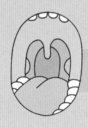

醫生的工作是什麼？

醫生*是在你生病的時候幫你治療的人，他還會幫助你身心健康地成長。

有些醫生負責治療大人和小朋友。

> 我是全科醫生。

有些專科醫生負責治療嬰幼兒和兒童。

> 我是兒科醫生，專門負責治療兒童的疾病。

還有其他專科醫生針對治療身體的某個部位。

> 我負責治療鼻子、咽喉和耳朵。

> 而我負責治療眼睛。

耳鼻喉科醫生　　　　眼科醫生

醫生在哪裏工作？

醫療中心

醫院

母嬰健康院

＋醫院

普通科門診　急症室

醫生的**診所***可以設在醫療中心，又或是商業大廈。

有些醫生會在**醫院***工作，負責診症、住院、急症室等服務。

我們在幾歲需要看醫生？

在小時候我們要定期去看醫生，接受各種身體檢查。長大後我們只在有需要的時候尋求醫生的幫助。

為什麼一定要去看醫生？

在你生病的時候給予治療。

為你打預防針。

幫你解決某些問題，即使你覺得自己沒有生病。

為了確保你健康成長，並給予合適的建議。

接下來，你將會知道醫生會在診所做什麼，
他們會怎麼幫你做檢查。

在看醫生之前

你的爸爸媽媽會告訴你為什麼要去看醫生，醫生會做些什麼。每個小朋友聽到之後的反應都會不同：

有些小朋友會提出一些問題。

有些小朋友會感到害怕和抗拒。

有些小朋友已經習慣了，甚至覺得很開心。

我不認識這個醫生……他會對我做什麼？

他經常看着我的眼睛，我不喜歡這樣！

你看，我畫了一幅畫給醫生！

你的爸爸媽媽或者需要準備：

寫下你的狀況的**健康紀錄***（如有），例如敏感藥物的名稱；又或者事先記下一些問題問醫生。

醫療保健資料，或身體檢查報告以備不時之需。

你可以帶備：

一件玩具或一本書，你可以在等待醫生的時候玩玩具或者看書。

我帶了我最喜歡的小手巾！

你還可以事先想想有什麼狀況需要告訴醫生。

候診室

我們在這裏等候醫生。

有時候你會在候診室裏看到玩具、**書本**和海報，你可以一邊等醫生，一邊玩玩具或者看書。這裏常常會有其他人一起等候醫生。

診症室

當醫生檢查完上一個病人，他會通知**護士***呼叫你的名字，你便可以進入診症室。你的爸爸媽媽或帶你看醫生的大人可以陪你一起進去。

你好！

一開始，醫生會了解你的情況

如果你生病了或者身體有其他毛病。

醫生會問問題了解你的需要。如果你想的話，你可以自己向醫生解釋你遇到的問題。

如果你沒生病，這會是一次普通的健康檢查。

醫生會和你聊天，加深對你的認識。他也會和你的爸爸媽媽聊天，了解你最近的生活狀況，確保你一切安好。

醫生會和你聊關於學校的生活……　　還會聊關於你的朋友、玩伴……

還會聽你說關於爸爸媽媽的生活。如果你有兄弟姊妹，你還可以和醫生分享他們的事情。

他還談論關於日常生活的事情，了解你平時吃什麼、幾點睡覺等等。

醫生有時候還會談一些讓人難以開口的事情。

然後，如果醫生覺得你有需要，他可能會請你單獨和他聊天，把心中的煩惱告訴他。

醫生有時候會讓你做些小練習。

他可能會讓你畫畫、寫字、重複讀出幾個字詞或者句子、做一些小測試等等。

然後，醫生會檢查你的身體

首先，你要脫掉身上的衣服。

有些小朋友可能會感到尷尬。

內褲可以不用脫。

我需要脫衣服嗎？

這樣我才能幫你檢查身體。

醫生會幫你量身高和體重，看看你有沒有健康長大。

在身高測量器下站直，腳的後跟貴着牆壁。

你的體重是20公斤。

這是嬰兒用的體重秤。

最後，你要坐上診症牀。

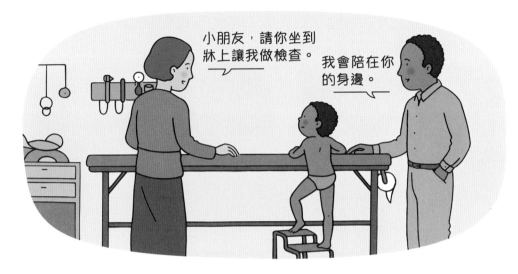

小朋友，請你坐到牀上讓我做檢查。

我會陪在你的身邊。

你可能會問這兩個問題：

醫生會怎麼檢查我的身體？

我會觸碰或者查看你身體的某些部位。我會慢慢跟你解釋我在做什麼。

為什麼醫生要檢查我？

我是為了確認你的身體狀況，確保一切正常。如果你生病了，我要找出哪裏出了問題。

接下來，你會知道醫生將要檢查你身體的哪些部位。

你的心臟

聽診器*可以讓醫生聽清楚你的心跳。在檢查的時候，你不可以發出聲音。有時候醫生會讓你聽自己的心跳。

這東西涼涼的。

你的肺部

醫生還可以用聽診器聽空氣進入你肺部的聲音。他會把聽診器放在你的胸口前，然後再放到你背部。有時候醫生還會讓你吐氣或者咳幾聲。

請你深呼一口氣，就像要吹熄一支蠟燭⋯⋯

聽診器可以讓醫生聽到你胸部內的聲音。

檢查的身體部位

你的皮膚

醫生需要確認你的身上沒有長水疱或者斑點，因為
這些症狀通常代表你生病了。如果你有痣，醫生會
定期幫你檢查它的狀況。

你的腹部

醫生會按壓你的肚子，感受你體內的器官：肝臟、
脾臟、大腸和小腸。

你的肚子有
點硬……你
有定時去洗
手間嗎？

有時候，他會把一隻手平放在你的肚子上，用
另一隻手的手指輕敲手背：感覺像是在敲鼓！

最後，他會按壓你的腹股溝，腹股溝在腹部和
腿部之間：這通常會有點癢……

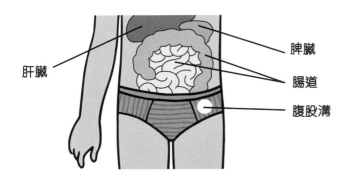

肝臟

脾臟

腸道

腹股溝

你的嘴巴

醫生會用一支小手電筒觀察你的口腔。他要看你的牙齒有沒有長出來，有沒有蛀牙。他還會檢查你的舌頭和牙齦。

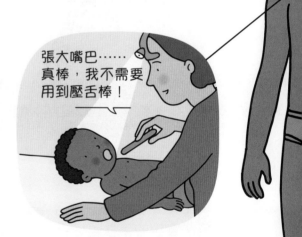

我知道你為什麼會牙痛了：你正在長牙齒！

你的喉嚨和脖子

醫生要確保你的喉嚨和**扁桃體***沒有發紅和腫脹。然後他會按壓你的脖子，感受脖子上的小球：那些是你的淋巴結。

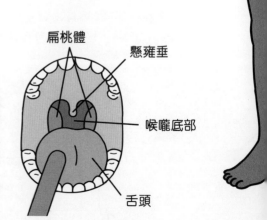

張大嘴巴……真棒，我不需要用到壓舌棒！

壓舌棒*可以讓醫生看清楚你的喉嚨內部。

扁桃體

懸雍垂

喉嚨底部

舌頭

檢查的身體部位

你的耳朵

醫生會用一個**檢耳鏡***檢查你的耳膜,它在你的耳朵深處。這不會痛,但是記住不能亂動啊!

檢耳鏡可以照射出一點光線。

你的手臂和腿部

在你躺下之後,醫生會嘗試屈曲你的手臂和雙腿,檢查它們的柔韌度。有時候醫生還會檢查你的膝躍反射:醫生會用一個橡皮錘子輕輕敲打某些部位,這不會痛的。他還會輕輕搔你的腳底(這很癢!)。

你的眼睛

醫生會請你遮蓋一隻眼睛，然後辨認他指着的圖案或者字母。這樣的話，醫生就可以知道你需不需要戴眼鏡。有時候他還會讓你看一些圖片，看你的眼睛是否可以辨別出顏色和立體感。

你的骨骼

在你站立的時候，醫生會觀察你的背部、腿部、膝蓋和雙腳。他會讓你走幾步路和向前彎低腰，確保你的脊椎是健康的。

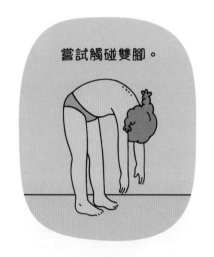

醫生還會讓你做一些簡單的動作：單腳站立、跳躍、跑步和踮起腳尖走路等等。

真有趣！

量血壓

測量血壓是另一種檢查心臟健康的方法。醫生需要用到聽診器和一套臂帶。臂帶會緊緊地包住你的手臂，但不會包太長時間。

醫生會用氣泵為**血壓計***的臂帶注入空氣，令臂帶膨脹。

你的性器官

有時候醫生會叫你脫下內褲，檢查你的性器官。這是為了確認你的性器官功能運作正常。這項檢查可能會讓人有點尷尬，畢竟醫生在檢查你的隱私部位。但醫生只會在必要的時候做這項檢查，而且一般不會持續太長時間。

男生的性器官

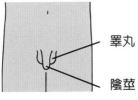

睪丸

陰莖

女生的性器官

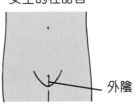

外陰

當你慢慢長大……

你的性器官會開始發育，直至生殖功能完全成熟。一般來說女生在7-13歲左右開始發育，而男生則在8-14歲左右。我們稱這個過程為青春期發育，醫生會在檢查的時候跟你作詳細解釋。

如果醫生要幫你打預防針

疫苗*可以幫助你的身體抵抗某些疾病。

醫生需要用針筒來幫你注射疫苗。

> 這會很痛嗎？

> 這會有刺痛的感覺，但很快就結束。

醫生會跟你解釋每一個步驟。

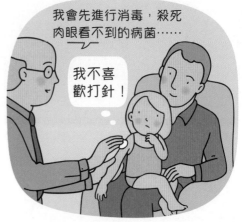

> 我會先進行消毒，殺死肉眼看不到的病菌……

> 我不喜歡打針！

打疫苗的時候，你要嘗試放鬆自己。

> 深呼吸：1，2，3。好了，打完了。

> 這麼快？

結束的時候，你可能需要一點鼓勵。

> 好寶寶，你很勇敢！

醫生會在你的疫苗接種紀錄上記下你注射的疫苗和日期。

檢查身體之後

如果這是一次健康檢查而且結果一切正常。

那麼你要繼續保持身體健康啊！醫生也會密切留意你的健康狀況。
如果你有疑問，你可以在這個時候問醫生。

如果你生病了或者某些方面出了問題。

一般情況下，醫生可以檢查出
是哪種疾病以及治療方法。

如有需要，醫生會開**處方***，你
可以根據處方領取所需要的藥
物或做進一步的檢查。

這是鼻咽炎⋯⋯

鼻⋯⋯什麼？

我們需要檢驗他
的尿液樣本，
我會給你詳細
解釋⋯⋯

有時候醫生會轉介你到醫院，
或者去看另一個醫生（一般是
專科醫生）。

如果醫生覺得你有很大的情緒
困擾，他會建議你去看**心理醫
生***或者**兒童精神科醫生***。

這或許很嚴重。
你最好帶他去醫
院看專科門診。
我會幫你寫
轉介信。

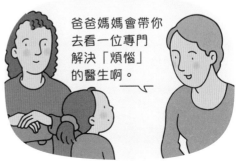

爸爸媽媽會帶你
去看一位專門
解決「煩惱」
的醫生啊。

整個檢查過程結束

當醫生確定你和你的爸爸媽媽已經清楚了解他所給的建議或者治療方法……

醫生會打開你的病歷。他會在上面記錄你的身高、體重、可能需要服用的藥物或者需要做的檢查等等。

病歷的內容會絕對保密。只有你、你的爸爸媽媽和你的醫生知道，而且由醫生妥善存放。

醫生從你出生開始一直記錄着你的身高。

這是你的病歷，我會幫你存放在診所。

你的爸爸媽媽會支付醫生診病的費用，他們可以用信用卡或者現金支付，有時可使用醫療卡。

最後，大家會說再見。

這是我的醫療卡。

好的。

經過這次的治療，小麗一定會很快康復的。但如果病癥持續，請立即與我聯繫。

謝謝醫生。

給家長的話

在治療小朋友的過程中，家長和醫生之間的溝通更為重要。家長在家庭中擔任着一個重要的角色，你可以幫小朋友理解醫生的職能和診症過程。自出生開始，醫生便記錄着小朋友的成長，幫他打疫苗，為他治療疾病。隨着時間過去，小朋友漸漸能夠理解為什麼要看醫生、看醫生的過程是怎樣的。

建立信任的關係

無論醫生再怎麼平易近人，還是有可能激起小朋友的戒備心。因為對小朋友來説，醫生會説一些難以理解的詞彙、使用奇怪的儀器、甚至觸碰他的身體……你可以鼓勵小朋友嘗試信任這位醫生。就算你的小孩年紀還很小，他亦能夠在一定程度上理解醫生要做什麼。這樣會幫助小朋友做好心理準備，讓他在做檢查的時候更好地控制住自己的感受。這樣的話，小朋友會更加安心，也更容易習慣和醫生的相處。他會知道醫生懂得聆聽和醫治疾病，是一個值得信賴的人。若想建立小朋友和醫生之間的良好關係，首先，作為家長也需要完全信任這位醫生。不要欺瞞醫生或者輕視他的意見，更要避免説一些讓小朋友誤會的話，例如「你再不聽話，醫生就會幫你**打針***！」。這會讓小朋友對醫生產生抗拒，或者因為害怕醫生而常常在候診室哭鬧。雖然這種情況只是暫時的，小朋友總需要經過一段適應期。然而，若這種抗拒的情況持續，甚至越來越嚴重，這可能代表小朋友因為某些原因留下了心理陰影。你要嘗試與醫生和小朋友溝通，找出問題的源頭。

在看醫生之前你需要做的事情

這本書的目的在於幫助你用簡單的言語向你的孩子解釋諮詢和診症的過程。嘗試鼓勵小朋友勇敢地提出問題，了解他心中的疑慮。看醫生會讓他覺得高興、平靜還是擔憂呢？嘗試和小朋友一起準備要和醫生説的話、要問的問題。要記住：沒有愚蠢的問題，也沒有無用的問題！

在諮詢醫生的過程中你可以做的事情

如果你的小朋友聽不懂醫生的解釋或者指示，你可以嘗試用自己的文字複述剛才醫生說的話。

如果醫生指定讓小朋友回答，你可以嘗試幫助小朋友表達自己的想法，但不要替小朋友回答，也不要引導他回答。耐心等待小朋友自己組織語言。若他回答不上問題，或者無法準確表達自己，你才需要幫他回答醫生的提問。在診症的過程中，讓小朋友感受到參與感是十分重要的。這可以提高成功治療的機會。

每個醫生都有各自安撫小朋友的「獨門秘訣」，例如模仿洋娃娃或者玩具熊的動作和手勢。同時，你也可以讓小朋友更安心，分散他的注意力，例如和他聊天、留在他看得見的地方、輕輕觸碰他讓他知道你在身邊。單單只是跟他說「別害怕！」並不是最有效的，最重要的是讓他知道醫生接下來要做什麼，讓他知道你在他身邊。

看完醫生後你可以做的事情

鼓勵小朋友講述剛才的體驗，他喜歡什麼、不喜歡什麼、聽懂了什麼、沒聽懂什麼，然後在下次看醫生的時候，讓醫生知道小朋友的需要。快到4歲的時候，有些小朋友喜歡玩扮演醫生的遊戲，或者用洋娃娃、玩具熊或毛絨玩偶模仿病人看醫生。你可以為你的小朋友買一套醫生扮演玩具，讓他模擬看醫生的經歷。

為自己的健康負責

隨着小朋友長大，他會漸漸有意識地表達內心的感受。他會知道醫生願意細心聆聽他的話，並且根據他說的話做出診斷。在一次又一次的互動過後，他將會建立一個健康的自主意識，主動為自己的健康負責，並且知道要尊重自己的身體，預防疾病的感染。

健康是寶貴的財富。如果小朋友對醫療的世界有了更深入的了解，懂得和醫生建立信任的關係，這會讓他終生受益。

牙醫的工作是什麼？

牙醫*是專門治療牙齒疾病的醫生，有時候我們也會稱他們為口腔外科醫生。

牙醫一般在私人診所工作。

有一些牙醫會在醫院工作。

牙醫通常會有一名助手專門負責處理病人的預約、接待病人和帶領病人到候診室。他還會幫牙醫準備材料和工具，用來檢查牙齒和治療牙科疾病。

牙醫會告訴你如何避免牙齒生病，他還會在有需要的時候幫你醫治牙齒。

我們什麼時候要看牙醫？

一般情況下，我們第一次看牙醫是在2歲前，然後我們開始定期檢查牙齒，一年最少檢查兩次，每年都要檢查啊！

為什麼一定要看牙醫？

我記得這張扶手椅！

為了確保你的牙齒健康⋯⋯

你一定要認真刷最裏面的牙齒啊。你看清楚了嗎？

⋯⋯還有為了聽取醫生的建議，保持牙齒健康。

我牙痛！

那一定要去看牙醫了。

為了幫你醫治生病的牙齒。

噢！天哪，你的牙齒斷掉了！

有時候你可能需要緊急的治療。

接下來，你會知道牙醫是怎樣檢查牙齒，還有他會怎麼治療牙齒的疾病。

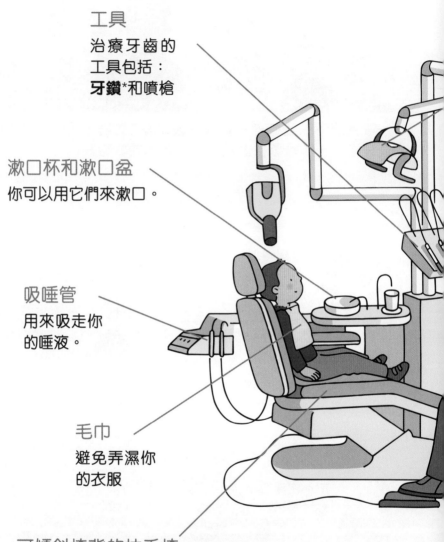

工具

治療牙齒的
工具包括：
牙鑽＊和噴槍

漱口杯和漱口盆

你可以用它們來漱口。

吸唾管

用來吸走你
的唾液。

毛巾

避免弄濕你
的衣服

可傾斜椅背的扶手椅

你會坐上這張椅子，然後醫生會傾斜椅背，讓你
平躺在椅子上，方便醫生看清楚你的牙齒。在檢
查牙齒的過程中，醫生還會升高或者降低椅子到
適當的高度，這也是為了方便他檢查你的牙齒。

……醫生也會坐下來！

無影燈*

這是一盞特別的燈，可以幫牙醫看清楚你的嘴巴內部。
醫生用無影燈的時候，你可能會覺得有點刺眼。

阻擋細菌的裝備

- 所有工具和物品都會事先清洗一遍。
- 牙醫會清潔雙手，然後穿上特別的裝備。他會穿上白色的工作袍，用口罩掩蓋口鼻，戴上手套和護目鏡。

放置工具的托盤

工具會放在他身旁的工作台上。這些工具都是無菌的，十分乾淨。

你的爸爸媽媽可以陪你檢查牙齒

在開始之前

你也許會有許多疑問：接下來會發生什麼？醫生會對我做什麼？這些儀器是用來做什麼的？牙醫會這樣告訴你：

我將會一步一步向你解釋每一個步驟，我會耐心回答你每一個問題。

這盞燈好刺眼！

在整個檢查的過程中，你的嘴巴必須要一直張開。這相當不容易……尤其是在要講話的時候，你很難說出你的感受！在這種情況下，牙醫會告訴你：

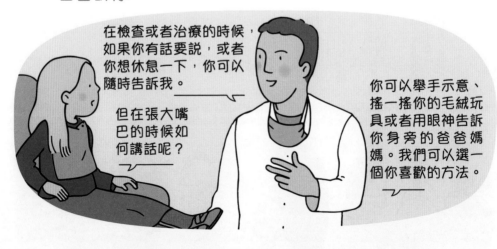

在檢查或者治療的時候，如果你有話要說，或者你想休息一下，你可以隨時告訴我。

但在張大嘴巴的時候如何講話呢？

你可以舉手示意、搖一搖你的毛絨玩具或者用眼神告訴你身旁的爸爸媽媽。我們可以選一個你喜歡的方法。

當你和牙醫選好了溝通的方式，便可以開始檢查牙齒。

牙醫開始檢查你的牙齒

牙醫會用以下工具檢查你的牙齒：

這樣的話我就能看到你最裏面的牙齒了。

口腔鏡可以幫醫生看到你牙齒的每一面。

你會聽到摩擦的聲音

牙醫會用探針來檢查口腔內的狀況。

啊……這有點冰涼！

牙醫還會用噴槍吹乾牙齒。

檢查結束之後

如果你所有的牙齒都很健康，那麼這次的診治就結束了。但如果你出現牙痛的話，你需要提早再做檢查。

再見，阿祖。你要繼續認真刷牙啊。

如果牙醫發現你有牙齒生病了，那麼他會即時為你治療。例如：牙醫用探針發現了你的牙齒有個小洞或者他看到你牙齒改變了顏色。他便會替你再作深入的檢查。

治療生病的牙齒很重要，就算它們還是乳齒！

在進行治療之前，醫生可能要為你的牙齒照X光*。

當你的牙齒生病了⋯⋯

　　牙齒最常出現的疾病就是蛀牙。當我們發現蛀牙，我們必須給予治療，因為它不會自己痊癒，而且時間拖得越久，蛀牙的情況會越嚴重。

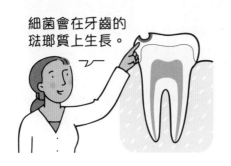

細菌會在牙齒的琺瑯質上生長。

小蛀牙

一般情況下，人們不會察覺到這個小蛀牙。牙醫在檢查牙齒的時候會立即修補牙齒，然後就沒事了。

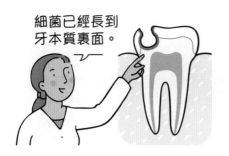

細菌已經長到牙本質裏面。

蛀牙已經蛀得有點深了

你可以看到或者感覺到牙齒上有個洞。在你吃東西或者喝飲料的時候，太冷或太熱的食物會令你感到牙痛。為了完成整個治療，你可能需要再回來一次。

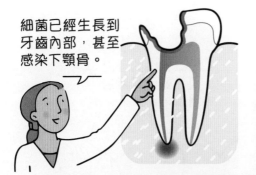

細菌已經生長到牙齒內部，甚至感染下顎骨。

蛀牙已經很嚴重了

牙齒已經被感染，並產生膿皰，你的臉頰會腫起，你的牙齒會很痛，甚至有時候還會引起發燒。為了治好你的蛀牙，你需要吃藥，還要回來覆診幾次。

　　這個治療蛀牙的過程有可能會讓你感到疼痛，有時候牙醫會用局部**麻醉***讓你的牙齒和牙齦進入「入睡」狀態，減少你的痛楚。

局部麻醉可以減少痛楚

首先，醫生會幫你塗上一層軟膏或者用一種噴霧噴在你的牙齦上。

等待一分鐘之後，你的牙齦就會「睡着了」。

然後，牙醫會進行麻醉，讓你的牙齒「入睡」。

他會輕輕地把一種藥物注射在蛀牙附近的牙齦裏，通常需要注射幾個地方。

牙醫會稍等幾分鐘，等到藥物開始發揮作用，等到牙齒都「睡着了」。

牙醫便會開始進行治療，你就不會感到疼痛了。

在牙醫進行治療的時候，你會感覺那些工具在嘴裏震動，你會聽到一些聲音，你會嗅到藥物的味道，這一切都很奇怪，但是不會痛啊。

以下是牙醫治療牙齒的方法

首先牙醫需要切除蛀牙已經蛀壞了的部分。

牙鑽會發出讓人
不舒服的聲音。
哎……哎……

牙鑽上面有一個金屬做的
小鑽頭，牙鑽內的渦輪使
鑽頭可以快速旋轉。

快速旋轉的鑽頭會摩擦你
的牙齒，把細菌感染的部
分清除乾淨。

然後，牙醫會填補這個小洞，重新打造一顆完整的牙齒。

我開始噴
水了……

牙醫會細心地清洗
你的牙齒，然後吹
乾這個小洞。

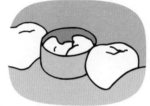

如果這個洞口太大
了，牙醫會安裝一個
「支架」，這是一種
類似模型的東西。

你會嗅到
一種奇怪
的味道。

有時候牙醫會在
洞內注射藥物。

最後，他會用牙紋防
蛀劑來填補洞口……

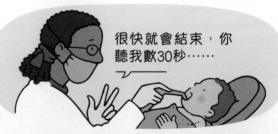

很快就會結束，你
聽我數30秒……

……它是一種無味和接近牙齒顏色的
複合樹脂牙科物料。牙醫會用光固化
燈來讓防蛀劑變硬。

牙醫在治療的時候會用一些小「法寶」

如果想去除多餘的口水：

牙醫會用一些棉花吸乾口水⋯⋯

這會發出聲響！

⋯⋯還會用吸唾管定時吸走口水。

我可以看到我的牙齒周圍，而且這很柔軟！

有時候醫生需要用到一個「擋板」，它是不透水的，可以把牙齒和口水分隔開來。

如果需要清洗或者吹乾牙齒：

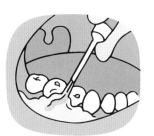

牙醫會用一個沖牙器沖洗你的口腔內部。

這有點涼！

他還會使用噴槍吹乾你的牙齒。

如果他同時用噴槍和沖牙器，你的嘴裏就像發生了一場「暴風雨」。

如果你的牙齒已經蛀到爛掉了

齒冠就像一頂戴在牙齒頭上的小帽子。它會隨着乳齒一起脫落。

你的蛀牙太嚴重了。我必須要把它拔掉。

牙醫或許要在你的牙齒上加個齒冠或者直接拔掉你的牙齒。

治療過程會有點辛苦和不舒服

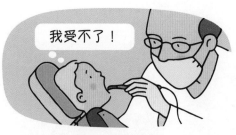

你要長時間張開嘴巴，但是不能動，也不能說話。

別忘了你可以叫醫生停一停！

你會難以吞嚥你的口水。吸唾管會幫你解決這個問題。

你或許會有點呼吸困難。嘗試練習用鼻子呼吸。

你會聽到一些令人不舒服的聲音，你會聞到奇怪的味道，你可能會怕痛。

告訴牙醫。他會再跟你解釋接下來的步驟，如果有需要的話，他可以幫你進行麻醉。

你可以盡量放鬆自己，例如嘗試深呼吸，放鬆你的肌肉，想一想別的事情，或者不妨聽一下音樂……

治療結束後

牙醫會用沖牙器沖洗你的嘴巴，或者讓 你自己漱口。

牙醫會拉直 你的椅背。

如果你剛才做了麻醉，你會有一種奇怪的感覺：我的嘴巴形狀好像變了，變腫而且變重了。這種感覺會在治療的一兩個小時後結束。記得不要用剛治好的牙齒那邊吃東西，也不要咬到自己的嘴唇。當你的嘴巴「睡醒」後，你會感到刺刺的、麻麻的。這會有點難受，但不會持續太長時間。

最後，牙醫會告訴你和你的爸爸媽媽剛才做了什麼治療和下次需要做的事情。

在離開之前，牙醫會給你：

記得要定時 刷牙啊！

- 一份藥物的處方，如果你需要吃藥。
- 一些預防蛀牙的建議。定時刷牙（最少早上刷一次，晚上吃完飯後刷一次），不要在睡前吃糖果。
- 如果你需要繼續治療牙齒，或者你還有其他牙齒生病，牙醫還會告訴你下次的預約時間。

你的牙齒是需要好好保護的

在6個月到3歲期間，小朋友的乳齒會慢慢長出來，乳齒一共有20顆。

大約在6歲的時候，小朋友會長出4顆大臼齒，它們的位置在口腔兩側乳臼齒的後面。由於通常在6歲左右長出，故稱為「6歲齒」。

一般來說，最先長出來的是門牙，然後是臼齒，最後是犬齒。

它們很容易蛀牙，因此長出大臼齒後記得仔細地把它們刷乾淨。

從5歲到12歲左右，乳齒會一顆接着一顆脫落，然後被恆齒逐漸取代。

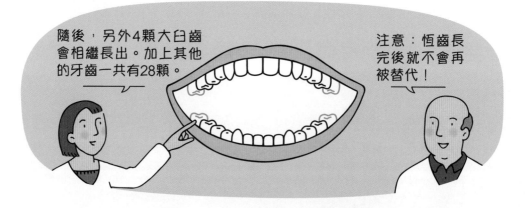

隨後，另外4顆大臼齒會相繼長出。加上其他的牙齒一共有28顆。

注意：恆齒長完後就不會再被替代！

在17歲到25歲期間，最後4顆大臼齒開始生長：我們習慣稱之為「智慧齒」。

在人的一生當中，牙齒幫助你進食、說話、微笑……所以你一定要好好愛護它們。

給家長的話

　　牙齒雖然看起來很堅硬牢固，但事實並非如此，我們必須非常認真地保護牙齒，才能長久地保持牙齒健康。我們要幫助小朋友學懂愛惜自己的牙齒，這對小朋友的長遠健康發展尤其重要。以下是一些建議。

定期檢查牙齒

　　你需要在小朋友2歲左右第一次帶他去看牙醫，然後每六個月檢查一次。這對小朋友的健康是非常重要的，預防勝於治療。比起等到小朋友開始牙痛需要治療，我們不如定期帶他檢查牙齒，讓醫生確定一切健康正常。否則，小朋友的牙齒有可能會變得非常脆弱。

在前往牙醫診所之前

　　你需要向小朋友解釋看牙醫的流程，參考本書的內容，為小朋友做足準備。你可以在看牙醫之前陪他閱讀這本書。你還可以讓他練習張大嘴巴用鼻子呼吸，嘗試漱口或者吃一些味道苦澀的食物等等。多多鼓勵你的孩子提出疑問，如果你也無法解答，你可以把問題記下來，讓小朋友主動向牙醫尋求答案。

我很怕痛！

第一次的體驗至關重要

　　一般情況來説，牙醫會在第一次會診仔細了解小朋友和家長的需要，然後會花一點時間解釋接下來的整個檢查流程和其他針對小朋友的健康服務。牙醫會用簡單的語言和你的孩子溝通，用一些小玩具減輕小朋友緊張的情緒，例如他的毛絨玩偶、玩具、喜歡的書籍和音樂等等，循序漸進地和他建立起信任的關係。牙醫還會特別關注小朋友擔心的地方，了解他害怕什麼，曾經有過什麼不愉快的經歷等。在不影響整個治療的前提下，牙醫會配合家長幫助小朋友適應新環境，例如家長可以坐在小朋友的身邊，輕輕拍打他的手臂和小腿，與小朋友對話……在尚未適應的情況下，小朋友會容易感到疲累，因此牙醫會提供休息的時間，讓小朋友放鬆下顎的肌肉。

避免先入為主，與你自身的經驗作比較

如果你以前在治療牙齒的時候感到辛苦不堪，嘗試不要以自身的經歷影響孩子和牙醫之間的關係。告訴你的孩子，他會在治療的過程中感受到各種各樣的感官刺激（聲音、氣味、冷熱……），有時候這會令人不舒服，治療的時候還需要長時間張大嘴巴，但這一切都是正常的。大概到了6歲左右，你可以開始讓小朋友學會分辨痛覺和其他的感覺。例如，你可以觸碰他的雙手，告訴他這是觸覺，然後輕輕捏一下他，告訴他這是痛覺。

看完牙醫之後

鼓勵小朋友跟你講述剛才的經歷，讓他嘗試表達自己。如果剛才的經歷不是太愉快，你也無需責備他，嘗試稱讚小朋友剛才做得好的地方：他剛才有乖乖地坐在椅子上，有張大嘴巴讓牙醫看清楚他的牙齒，有敢於提出自己的問題，這一切都非常值得鼓勵。還有別忘了在你的行事曆或者日曆上記錄下次的預約日期。

遇到緊急情況，要迅速做出正確的反應

如果不小心撞掉牙齒或者摔斷了牙齒，應當及時聯絡牙醫。乳齒是不能夠重新植入的，但如果是恆齒摔掉了，你需要找回這顆牙齒，然後放進容器，把它保存在唾液或者凍牛奶裏，儘快趕到牙醫診所。牙醫會做好清潔工作，然後把牙齒重新植入口腔。記得千萬不可以讓這顆牙齒變乾。若是遇到牙齒斷掉的情況，你也可以用同樣的方式保存斷裂的部分，讓牙醫有機會重新粘補牙齒。

其他類型的牙科醫生

齒顎矯正：這個範疇的專科牙醫負責矯正牙齒的位置，修正下顎的發育。

小兒牙科：這個範疇的專科牙醫專門醫治兒童牙科疾病。

照X光，看骨頭

若你需要照X光，你可以到醫院或者到X光化驗所。

這項技術可以為你的身體內部「拍照片」，檢查你的骨骼和某些器官。

X光可以幫醫生了解你的身體狀況。

照X光不會痛，但是要維持固定的姿勢，這可能會有點不舒服。

放射室的內部

防護玻璃板和防輻射鉛衣

可以保護**放射室操作員***和陪你進入放射室的人免受X光的輻射影響。

斜面控制台

可以在照X光的時候遠距離操控機器。

X光機

這是一台巨大的機器，還會發出聲音。

X光管

它可以隨意移動，調節到適合的位置。它會貼近你需要照相的部位，但不會碰到你。

放射室操作員

他負責解釋檢查的流程，幫你擺好正確的姿勢，然後開始照X光。

光激影像板

它的功能就像照相機的記憶卡，記錄你骨骼的形狀。它放在一個類似「抽屜」的地方。

檢查牀

你可以坐在上面或躺在上面。它可以升高、降低及左右移動。

照X光之前

- 首先操作員會帶你到放射室,他會向你解釋接下來檢查的流程。在需要的情況下,他會叫你脫掉衣服或者摘下飾物。

- 在你準備好之後,操作員會帶你到檢查牀。他會移動X光管靠近你需要拍照的身體部位。為了調整到適當的位置,X光管會發出一個「正方形的燈光」為影像定位。然後,操作員會把光激影像板放入「抽屜」。

X光機在移動的時候會發出聲音,但它絕對不會觸碰到你。

- 最後,他會調整你的姿勢,然後準備開始照X光。

- X光機在移動的時候會發出聲音,但它絕對不會觸碰到你。

照X光的過程中

- 操作員會走到防護玻璃板的後面。

- 他會在開始照相的時候通知你,讓你維持固定的姿勢不動,有時候還會叫你摒住呼吸。

- 這在幾秒中之內就會結束。

請你維持姿勢不要動

　　重要的是當操作員叫你維持姿勢的時候,你需要一動不動,否則最後的X光照片會變得模糊不清,然後需要重新再照一次。

照完X光之後

- 你可以活動一下身體，但是還不可以立刻穿上衣服，因為如果影像有點模糊，或者放射師覺得有必要照第二次，操作員會讓你重新照一次X光。

披上一件衣服以免他着涼。

- 在這個時候，操作員會取出影像板，然後離開幾分鐘，他會到另一個房間沖曬X光片，然後由放射師判斷這張X光片是否足夠清晰。

可以了，這張照片很清晰。

- 大多數情況只需要照一次X光便完成了。你可以穿好衣服，然後離開放射室。你的爸爸媽媽可以領取你的X光片和放射師給你的文件，他會告訴你他在照片上看到了什麼。通常他還會直接把X光片寄給你的醫生。

這就是我的手的骨頭？

我們可以用X光看到什麼？

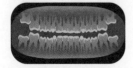

骨骼和牙齒

肺部

胃部的X光片　膀胱的X光片

……還可以用顯影劑看到其他的器官。

你知道嗎？

照X光的儀器和身體的姿勢

根據不同的身體位置，照X光所需要的儀器也有所不同，身體的姿勢也會不一樣。為了維持固定的姿勢，操作員會利用靠墊或者發泡膠板「鎖住」你的身體。

這就是嬰兒照肺部X光的姿勢。

這個儀器可以很快地用X光照清楚你每一顆牙齒。

X光檢查的原理是什麼？

看不見也摸不着的X射線！

X光機可以發出X射線，它會穿過你的身體投射在底片上。這種射線是肉眼看不見的，你也觸摸不到它。

低劑量的X射線對身體的健康不會造成影響，所以照X光並不危險。但因為操作員每天進出放射室，所以他需要留在防護玻璃板的後面。還有陪同你的大人也要穿上特別的保護衣，因為他不需要照X光。

某些時候我們需要照幾次X光

這是因為放射師需要從正面和側面「看到」你身體裏的器官、骨骼或者關節。在這種情況下，操作員會移動X光管到不同的位置，檢查的時間也會更長。

使用顯影劑

有時候，X光機照不到某些「隱形」的器官，例如胃部、膀胱、腸道和腎臟等等。我們需要注射或者讓你喝下某種神奇的液體，它叫做顯影劑。

我們可以用X光看穿一切事物嗎？

有些小朋友會覺得放射師會用X光看穿他們的思想和秘密，但是世上沒有任何一種科技可以看清內心的想法！照X光只是為了讓醫生了解你的身體內部構造，然後給予合適的治療。

給家長的話

　　一般常見的X光檢查是不會痛的，除非是特殊的情況，例如骨折。有些小朋友會對照X光感到焦慮，這可能是因為他們害怕陌生的儀器或者神秘的X射線，也可能是因為他要暫時和父母分開。面對這些情況，以下的內容會對你有所幫助。

家長可以陪同小孩進行X光檢查嗎？

　　可以，在大部分的情況下，只要小朋友需要，其中一個家長是可以留在放射室陪同小朋友（除非媽媽懷有身孕）。但是因為X射線會產生輻射，所以家長必須穿上保護衣並留在防護玻璃板之後，當然，小朋友可以帶上他喜歡的玩偶。

照X光之前需要準備什麼？

　　你可以為小朋友準備輕便的衣服，方便他穿脫。如果醫生允許的話，你還可以在一個小時前給他吃正餐或者一些小吃，以免他在檢查的時候肚子餓。還有記得讓他在照X光前上洗手間。

　　某些X光檢查需要做額外的準備，例如**空腹***、提前到達等等。醫生或者放射師會在預約時間的時候提前通知你。

小朋友會痛嗎？

　　如果小朋友有機會骨折了，急症室或者其他的醫護人員會在照X光之前給他服用止痛藥。如果需要移動小朋友或者改變他的姿勢，醫生同樣會提供止痛藥以減輕他的痛楚。

　　在一些有可能會引起疼痛或不適的X光檢查中（例如膀胱造影術），某些化驗所會讓小朋友戴上麻醉用的面罩，它會釋出一種混合氣體（**安桃樂***）從而緩解痛楚和不適。在開始檢查之前，操作員需要花一點時間

幫小朋友戴上面罩。

如何幫小朋友維持固定的姿勢？

讓小朋友維持固定的姿勢並不容易，尤其是在他覺得不舒服的時候。如果檢查的時間對小朋友來說太長，他可以做做轉動眼球或者拇指的動作，當然這是在不影響照相的前提下。在X光檢查的過程中，和小朋友保持言語上的溝通尤其重要，這可以分散他的注意力，讓他更加安心。如果實在覺得難以忍受，小朋友在任何時候都可以暫停檢查，操作員一般會找到解決辦法。

X光檢查需要多長時間？

照一張X光片其實很快（大概數秒的時間）。X光檢查的時長取決於X光片所需的數量。另外，操作員也必須花時間向小朋友解釋照X光的流程，然後讓他擺出適當的姿勢。

X射線危險嗎？

低劑量的X射線不會造成任何健康問題，而且X光所照射的範圍被嚴格局限在指定的身體位置，因此不會造成任何危險。例如：照肺部X光片所發出的輻射劑量大約等於人體每年接受天然輻射的10%。小朋友所接受到的輻射劑量會顯示在檢查報告中，方便你追蹤治療。

誰負責分析X光檢查結果？

放射治療師會先口頭講述檢查結果，然後把檢驗報告連同X光片交給你。隨後小朋友的主治醫生便可以與你一同分析檢驗的結果，完成接下來的治療。

煩惱是什麼東西？

無論是大人還是小朋友，每個人在生活中都會遇到煩惱。

例如當發生以下這些事情的時候……

爺爺住院了……

我和媽媽都要外出公幹。你會暫時和祖母一起住……

噢！不，我不想一個人和祖母一起住！

參加冬令營要花$2100……我哪來這麼多錢？

這次的地震造成2000宗死亡個案……

你從來不聽我講！要是再這樣繼續下去，我要離婚！

把你的遊戲卡交給我！不然你就知道我的厲害……

或者當我們感受到某些情緒……

媽媽我很害怕!!!

但牠很乖巧啊……

讓我們歡迎新同學……

哇!她真漂亮!

大家都把我忘了嗎?

喂,小胖子,走快點!

好的,我們可以和你一起玩,但是有個條件:你要和小妮絕交……

小妮?她可是我最好的朋友!

先生你看這裏,你需要填寫你的職業。

該怎麼辦?爸爸失業了!

以上這些事情都會令人不舒服，
但煩惱的事情也是生活的一部分。

那麼你呢？你最近的煩惱是什麼？

值得高興的是，生活中還是有
許多美好的時刻……

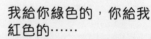

那麼你呢？你在生活中有過什麼愉快的時刻？什麼事會讓你最開心？

當我們遇到煩惱的時候，
我們可以找別人傾訴

自己一個人面對煩惱實在太辛苦了！

有些時候，大人們會發現他的小朋友有煩惱了，他們會找小朋友聊一聊。

有時候是小朋友自己找父母、找朋友訴說……

那麼你呢？你會願意和誰傾訴你的煩惱呢？你已經和他/她說過了嗎？這有沒有令你舒服一點呢？

很多時候把煩惱說出來才能
找到解決辦法

為什麼你們總是帶哥哥去看電影,不帶我去呢?這不公平!

你説得對,你已經長大了……我們可以一家四口一起去看電影……

有個比我大的男生逼我把所有遊戲卡給他!

他不可以這樣做!我明天會找他要回來,你跟我一起去!你不能再讓他繼續欺負你……要是他下次再來找你麻煩,你到操場找我,我們一起去告訴老師!

但你們為什麼要吵架?

每個父母都會有意見不合的時候。

這不是你的錯。這不怪你!

那麼你呢?你找到解決煩惱的辦法了嗎?你會找誰幫忙呢?

但有些時候煩惱好像
怎麼趕也趕不走

有些小朋友什麼也不想要，總是很不開心。

有些小朋友每天晚上都睡不着。

有些小朋友總是覺得身體某些地方很痛。

有些小朋友總是會擔憂很多事。

有些小朋友總是交不到朋友。

有些小朋友總是感到非常害怕。

有些小朋友一吃東西就
停不下來……

……也有些小朋友一點
東西也不想吃。

有些小朋友一刻也不能
離開他們的父母。

也有些小朋友忍不住一直
重複做某些行為。

有些小朋友總是忍不住
欺負別人。

還有些小朋友總是對學習
提不起勁。

有些小朋友害怕自己
和別人不同。

還有些小朋友經常被人
排擠。

有些小朋友從來不願意
講話。

有些小朋友常常發脾氣。

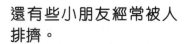

有些小朋友總是忍不住
想關於死亡的事情。

還有些小朋友，甚至長
大了還會尿牀。

有些小朋友經常感到羞恥，雖然這並不是他們的問題。

有些小朋友正在經歷艱難的時期。

有些小朋友自己承受太過沉重的秘密。

那麼你呢？你也有一些趕不走的煩惱嗎？這會讓你很辛苦嗎？這會對別人造成困擾嗎？你想不想做出改變？

當一些煩惱變得難以承受，好像怎麼趕也趕不走，生活也因此變得很艱難，我們可以嘗試尋求心理醫生的幫助

心理醫生的工作是負責傾聽別人訴說心事，嘗試理解他們，然後提供輔導，幫助他們渡過艱難的時刻。

心理醫生在哪裏工作？

當大人提出要去看心理醫生的時候，
每個小朋友的反應都有所不同

有些小朋友會擔心被當作「瘋子」。

有些小朋友擔心醫生會看穿他們的想法。

有些小朋友會擔心被心理醫生嘲笑。

有些小朋友覺得沒有人能夠幫到他，大人沒有辦法理解他。

不過有些小朋友很高興有人能幫到他，心裏也感覺舒服一點。

那麼你呢？你對尋求心理輔導有什麼看法？

看心理醫生會發生什麼事情？

第一次的時候，你會和爸爸媽媽一起去看心理醫生。

心理醫生會和你聊一聊你最近的煩惱。為了知道發生了什麼，醫生會聽你講話，或者會讓你畫畫、玩遊戲，有時會跟你的爸爸媽媽傾談⋯⋯

談話結束後，心理醫生會邀請你下次再來。

我們今天不夠時間講完所有的事，我邀請你下一次繼續跟我分享你的事情。

你覺得呢？你想下次和我繼續聊嗎？

心理醫生會告訴你下次見面會做的事情。

你可以選擇和我單獨聊天，爸爸媽媽會在外面等你。你說的任何事情我都會保密。

你絕對不會告訴別人嗎？

絕對不會，除非你想讓我告訴他……

如果有任何不明白的地方，你都可以向醫生或者爸爸媽媽提問。如果你的爸爸媽媽同意下次見面，心理醫生會跟你們預約。

莎莎，下次見。

然後漸漸地，你的煩惱會越來越少，
你會感覺舒服很多。

給家長的話

　　無論是家長還是孩子，每一個人都會有他們煩惱的時候，這很正常，畢竟煩惱也是生活的一部分。但是當煩惱越來越大，我們往往很難跟自己的孩子開口，尤其是當小朋友也遇到情緒困擾的時候，我們也很少會找心理醫生的幫助。

幫助你的孩子面對日常生活的煩惱……

　　擔憂、犯錯、爭執、恐懼、困難……這些都是人生中無可避免的經歷，你的孩子也總有一天要學會面對這些不愉快的事情。學習的過程往往不是容易的，作為家長擔任着十分重要的角色。你可以幫助他去理解這些情緒，然後嘗試分辨不同的情緒，例如害怕、快樂、傷心、生氣、憂慮等等。你可以鼓勵他說出心中的煩惱，然後一起找出解決方法，並在成功解決困難之後給他小小的獎勵。你可以從閱讀這本書開始，與孩子打開話題，讓他們從書中找出相似的經歷，加深對情緒問題的理解。通常在對話的過程中，你可以和孩子找到處理問題的辦法，但如果這個問題已經大到難以解決，不妨尋求他人的幫助。

誰可以提供幫助？

　　無論你的孩子遇到怎樣的煩惱，我們都可以通過觀察問題發生的次

數、強烈程度和持續多久，來判斷問題的嚴重性。有時候你可以自己察覺到他的問題，有時候會由他的老師或者好朋友來告訴你。

在你覺得有必要的時候，你可以根據需要，選擇由學校或者外間社福團體提供的情緒支援服務。你還可以尋求專業人士的幫助，例如全科醫生、兒科醫生或者母嬰健康院（針對5歲以下的兒童）：他們會按照實際的情況轉介給相關的機構或者醫生，例如言語治療師、心理動作治療師（例如通過舞蹈或運動治療）、精神科醫生、心理醫生等等。這些專業人士有固定的醫學網絡，這會幫助你找到最適合的人選。

心理醫生會做些什麼？

第一次的心理諮詢主要是讓心理醫生和小朋友進行交流，了解發生了什麼事情。一般來說，第一次的諮詢會在家長的陪同下進行。醫生也會要求與家長單獨談話。在交流的過程中，心理醫生會讓小朋友做一些心理測試，例如讓他畫畫。

然後根據檢查的結果，醫生會：

- 判斷目前的情況並不令人擔憂，小朋友也無需進行下一次的心理諮詢，你可以放心。
- 認為需要跟進目前的情況，他會安排多一兩次的心理諮詢，在幾個月後再做一次心理測試。
- 建議小朋友接受正式的心理治療。醫生會嘗試用不同的方法，找到最適合小朋友的治療方式：精神分析療法、認知行為治療、家庭治療、放鬆療法、催眠治療等等。醫生可以選擇單獨和小朋友相處、讓家人一起參與，或者以小組的形式讓幾個小朋友共同參與治療過程。通常心理醫生很難確切地給出一個的解決方法，但他會盡量解答你所有的疑問。
- 在某些情況下，醫生會給小朋友開藥物處方（只有精神科醫生可以這樣做）。

在第一次心理諮詢過後，如果你覺得這位心理醫生不太合適，不妨和轉介的醫生溝通，讓他推薦另一位專業人士。最重要的是讓小朋友感到輕鬆自在，讓他可以完全信任這位負責治療他的醫生。

去看心理醫生並不簡單！

　　無論是他人建議你的孩子去諮詢心理醫生（例如學校），還是你自己覺得孩子需要心理醫生的幫助，這對大部分家長來說都不是件容易的事。

　　這是很正常的，任何人都需要時間接受這件事，再慢慢和伴侶溝通，才有可能鼓起勇氣預約心理諮詢。而且就算下定決心，很多人會因為預約輪候的時間太長而慢慢打消這個念頭⋯⋯

　　而且「心理醫生」這四個字往往讓人聯想到精神病或者精神病醫院，這也有可能讓人卻步。但是有情緒困擾並不代表患了精神病，需要看心理醫生也不代表這個人瘋了。或許你最擔心的是會影響你和伴侶之間的關係或者你和家人的關係⋯⋯開初幾次的心理諮詢或許會讓人有點難以適應，但是長遠來說心理治療一定是利大於弊的，它會對你以及你的孩子提供最切實的幫助。

　　在孩子遇到情緒困擾的時候，家長往往需要耗費大量的時間和體力去幫他渡過難關，但如果你的孩子懂得表達自己的想法和情緒，這一切會輕鬆許多。你可以鼓勵孩子從小開始辨別情緒和表達自己的煩惱，這對孩子來說是終生受益的。

精神科醫生

　　精神科醫生是選擇以精神病學作為專業的醫生，而兒童精神科醫生主要負責處理兒童和青少年的精神健康問題。在心理/精神治療的範疇裏，只有精神科醫生可以給小朋友開處方藥物，而且必須在幾個指定的情況下才可以進行藥物治療。

心理醫生

　　在香港，完成臨床心理學的課程需要花至少6年的時間（學士4年和碩士2年）。他們一般在私人診所、醫院、學校或者心理治療中心工作。社會福利署的臨床心理服務也可以提供免費的專業意見和協助，有需要的時候可以聯絡社工或者致電社會福利署。

當你要去打針

我們都知道小朋友不喜歡打針（大人也一樣不喜歡！）。所以只有在必要的時候我們才會打針，為了預防疾病、為了檢查你的身體狀況或者為了醫治好你的病。但是不同的小朋友對打針的反應也有所不同⋯⋯

有些小朋友不知道他們為什麼要打針。

我們會在你的手臂上打一針。

但為什麼要在手臂上打？我是肚子痛。

也有些小朋友說打針不痛，或者表現得一點都不怕。

打針一點也不痛！

吹牛！

有些小朋友擔心在他人面前流淚，擔心自己不夠勇敢。

你不會還像小嬰兒一樣哭吧？！

也有些小朋友很怕痛。

我很害怕！這一定很痛！

有些小朋友試過打針，然後再也不想打針了。

我不要打針！

也有些小朋友感到非常害怕，因為他們把針筒想像得非常巨大。

不！

更有些小朋友誤以為打針是一種懲罰。

我要帶你去打針！誰叫你那樣不聽話……

但也有些小朋友真的不感到害怕。

你還好嗎？

我很好，這次和上次差不多！

那麼你呢？你的反應會是怎樣？

　　接下來，我們會解釋為什麼要打針，打預防針、**抽血***和**吊鹽水***之間有什麼區別。然後我們會告訴你需要準備些什麼，還有大人可以幫你做些什麼，讓打針的過程可以更加順利。

打預防針

　　打預防針也叫作接種疫苗。在香港，5歲或以下的嬰幼兒會在母嬰健康院接種疫苗，小學學童會由政府的免疫注射小組到學校提供接種服務。雖然所有疫苗都是自願性接種，但是打預防針對健康很重要，它會幫身體提前做好準備，抵禦危險的疾病。

我們在不同年紀需要不同的疫苗。

初生嬰兒

1個月到6個月

12個月到18個月

我6歲了。

我今年12歲。

你的爸爸媽媽和醫生會告訴你什麼叫做預防針。

為什麼我們要去看醫生？我又沒生病！

我知道，但今天醫生要給你打預防針。

你看，這就是疫苗。我現在會把這個疫苗注射入你的體內。這會有點痛，但是這會讓你健康長大，免受嚴重的疾病。你的爸爸媽媽小時候也打過預防針。

醫生會準備疫苗，並會先清潔你要打針的地方。

根據你的年紀和你要打的疫苗，醫生會在大腿外側或者手臂注射疫苗。

醫生把針抽出來之後，就完成了接種疫苗。然後他會在你的疫苗接種紀錄記下疫苗的名稱。

你知道嗎？

- 幾個小時之後，你剛才打針的地方可能會有點痛，這一兩天你還可能會發燒。醫生會給你開一些藥物。

- 在疫苗的幫助下，你的身體變得更加強壯，有能力抵抗某些疾病。

抽血

醫生會從你身上抽一點血，再放進特別的機器做檢查。然後醫生便可以從你的血液成分了解你的身體狀況或者病情。我們會在靜脈的位置抽血，即使這不是你生病的部位。

護士會帶你去檢查，先讓你坐在椅子上。

小朋友，早晨！

然後他會用一條帶綁住你的手臂，這條**止血帶***可以讓護士看清楚你要抽血的位置。

握緊拳頭。

護士會用消毒液和棉花清潔皮膚。

這有點冰涼！

我們一般會在手肘內側或者手背位置抽血。

你看，這就是我要抽血的位置。

護士只會抽取化驗需要的血量，大概一個小試管的分量。

她會先鬆開止血帶，然後拔掉針頭。

哎唷！

我知道有點痛，但是忍一忍，不要動！

我拔掉針頭了。你可以鬆開拳頭了。

我們會用棉花按住抽血的位置止血。

護士會幫你貼上膠布，然後就完成了！

我還要繼續按嗎？

對，繼續按多一會兒。

小朋友，選你想要的膠布。

你知道嗎？

- 我們只會抽取少量血液。

- 你的身體會持續不斷地製造新的血液。

- 手臂上抽血的小洞會迅速癒合。有時候會出現一點瘀青。

- 為了減輕痛楚，有時候我們會用到**麻醉藥膏***，它可以讓你的皮膚「睡着」，抽血的時候也就不會痛了。

你看，抽血就像從一瓶全滿的水倒出一兩滴的分量。

吊鹽水

吊鹽水也叫作靜脈注射、打點滴。吊鹽水可以把藥物直接注入體內，因為這些藥物會在胃部被消化，無法發揮出作用，所以不能採用口服的方式。有時候在你無法進食的情況下，我們還會通過吊鹽水為身體提供營養。一般來說，我們需要到醫院使用這個醫療服務。

護士會請你到牀上或者讓你坐在椅子上檢查。

護士會用消毒液和棉花清潔皮膚。

他會用一條帶綁住你的手臂，這條止血帶可以讓護士看清楚你要抽血的位置

我們一般會在手肘內側或者手背打針。

我們會用到一個特別的
工具打針：**導管***

護士會把針頭拔掉，然後
把一根非常細的塑膠管子
留在靜脈，這不會痛喔。

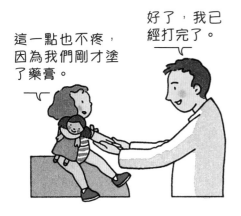

護士會把「鹽水」連接到
管子，然後用膠帶把它們
固定。

最後，他會確認輸液可
以流經管子，然後調節
輸出量。

你知道嗎？

● 吊鹽水需要等待一段時間才能完成輸液，把藥物或者營養輸入你的身
體裏。這可能需要一個小時、幾個小時甚至是幾天……

● 打完針開始輸液後，你就不會感到痛了，它只是有點不方便，但千萬
不要拔掉管子啊！

● 你不一定要躺在病牀上。

● 因為那個小小的塑料管子已經在你的靜脈裏了，所以當我們需要更換
「鹽水」，便不用再打一次針。

在打針之前，你可以做以下事情讓打針的過程更加順利

去打針之前，你可以問問題。

你必須知道為什麼要打針，打針的時候會做什麼，這非常重要！

如果你知道接下來會發生什麼，你就不會那麼害怕，當你不害怕的時候，打針也沒那麼痛了。就像當你在玩耍的時候受傷了，你會覺得沒那麼痛楚。

> 喂！你受傷了！

> 沒關係，我們贏了！4比0！

在打針的時候，你可以……

想想那些開心的回憶

唱歌或者聽音樂。

數數字

1, 2, 3, 4, 5...
...6, 7, 8...

和護士講個笑話。

> 這是我家小狗的故事。

看護士是怎麼打針的。

或者望向其他地方。

你可以嘗試放鬆自己。

很好，繼續深呼吸，
放鬆身體。

你可以準備好了才讓護士開始。

不，等一下！　　我可以開始了嗎？

別忘了⋯⋯

你可以大叫或者哭泣，
這會讓你感覺好一些。

加油，很快
結束了⋯⋯

啊啊啊！

打完針之後，你可以讓
爸爸媽媽安慰一下你，
這很正常。

爸爸！　　來，爸爸
抱一下你！

或許你會找到其他更適合你的方式。

爸爸媽媽可以怎樣幫助你？

如果他們陪你去打針，以下是他們可以做的事情：

你的爸爸或者媽媽
可以握着你的手。

他們還可以給你講個故事、
一個笑話或者唱歌給你聽。

他們還可以數數，你來
看看他們有沒有數錯。

他們可以吹泡泡，
或者假裝吹泡泡！

他們還可以帶一些玩具
或者木偶。

當然，他們會在結束的
時候安慰你。

護士也可以幫助你

他們會耐心地解答你的問題，讓你更加安心。

我會幫你打針。這會有一點痛，但很快就會結束。你忍不住的話可以哭，這不會麻煩到我。我第一次打針的時候也哭了。但是記得手臂一定不能動。

他們會問你想要在哪個位置打針。

你習慣用左手……那麼我們在另一隻手打針吧。

他們會用玩偶或者玩具熊來展示打針的方法。

你看，我會先用棉花……

他們有時候還會在打針的一個小時前幫你塗上麻醉藥膏。

我肯定不會覺得痛嗎？

是的，你不會感到痛。

我們一般很少會用到麻醉面罩，那是讓你吸入一種特別的氣體：安桃樂。你不需要睡着也可以沒有痛感。

很好，慢慢呼吸。

給家長的話

　　打針其實是一件很平常的事。每個小朋友總有需要打針的一天，無論是為了接種疫苗，還是因為生病需要治療，打針都是遲早需要經歷的事情。大部分的小朋友可以很順利地完成這件事，但對某些小朋友來說，打針是一件很困難的事，這可能是因為他的病情需要經常打針，或這是因為他曾經有過不愉快的經歷。

小朋友都不喜歡打針

　　這是很正常的，畢竟打針會痛。我們可以通過與小朋友溝通，讓他們知道打針的目的以及護士打針的步驟，這樣會讓他們更安心。但是有些時候小朋友的害怕是「不講道理的」，他們對打針的害怕程度也有所不同。在這個時候作為家長的我們需要更加耐心，幫助小朋友克服恐懼。

打針是一種治療

　　有許多小朋友誤以為打針是一種懲罰。你要告訴他打針其實是為了身體健康，耐心解答他的問題，告訴他為什麼要打針，護士會做些什麼。然後給他時間做好準備，就算只是幾個小時，這對小朋友來說也有莫大的幫助。

不要為了安撫他的情緒而說謊

　　絕對不要騙小朋友去打針，謊言只會破壞你和孩子之間建立的信任。誠實告訴他打針確實會有點痛，但是很快就會結束。大部分的小朋友在有心理準備的時候，都有能力忍受一定程度的痛楚。所以請你以最真誠的答案回答孩子的問題，並且耐心地解釋。就算他知道自己沒有選擇，至少也知道打針時會發生什麼，心理上也會有所準備。

你可以做什麼呢？

去打針之前：

首先，與孩子進行溝通，了解他焦慮的程度。有需要的話，你可以向醫護人員諮詢減輕痛楚的方法。

在打針的時候：

在護士同意的情況下，你可以在打針的時候留在孩子的身邊。我們認為這是最好的解決方法。你的陪伴可以鼓勵孩子，讓他更有勇氣，也可以分散他的注意力，幫他表達自己的想法，讓他可以參與打針的過程。但是，相信每個家長都不願意看見自己的孩子承受痛苦而自己卻無能為，這的確不是一件容易的事。而且有一些護士會覺得有家長在場不太方便（因為靜脈注射不一定一次就能成功，可能需要嘗試幾次才能找到靜脈的位置）。所以其實護士也有他們的難處，但在考慮過後你也可以堅持陪同自己的孩子！

打完針之後

你的孩子會需要你的安慰。就算是年紀較大的孩子有時候也會想哭一下。不要責怪他。與他一起討論剛才發生的事，向他解釋為什麼打針是必要的。稱讚你的孩子因為他有盡力配合護士的要求，因為他敢於表達自己的情緒。有些孩子會在第二天開始用玩偶玩「打針遊戲」。

最後，通過這次打針的機會，你可以引導孩子學會幾件重要的事情：

● 他有能力面對令人不愉快的事情。

● 他可以依靠愛自己的人、關心自己的人，學會在需要時找他們幫忙。

● 大人是值得信賴的對象。

抽血是什麼？

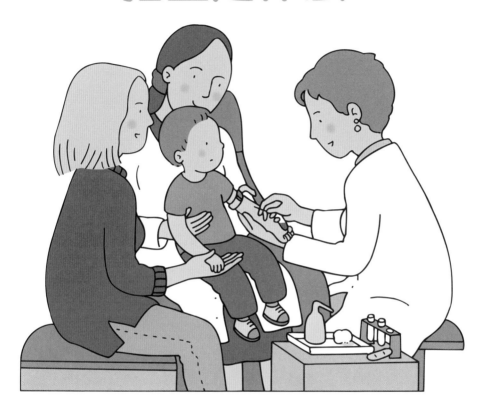

如果你需要進行血液測試，你可以選擇去醫院或診所。

醫生會幫你打針，從你身上抽一點血，再放進特別的機器做檢查。然後醫生便可以從你的血液成分了解你的身體狀況，找到治療的辦法。

有些小朋友因為害怕打針所以不敢抽血。但是有一些方法可以幫你減輕痛楚，克服恐懼。

在抽血之前

- 你可以坐在一張舒適的椅子上，或者坐在大人的大腿上，幫你保持不動。

- 護士會在你的手臂上綁一條止血帶。

- 你必須握緊拳頭。

- 然後護士開始為你打針的位置消毒。

我在幫你塗上一種消毒的液體。

這有點冰涼！

在抽血的時候

- 護士會把針頭插入你的靜脈，然後抽取化驗需要的血量，大概一個小試管的分量。

- 你可以選擇望向別處，但這其實並不可怕。

- 抽血過程很快就會結束。

注意！在抽血的時候，你一定要保持身體不動，握緊拳頭，深呼吸放鬆。

不要怕，深呼吸。

抽血之後

- 你可以鬆開拳頭。

- 你要用棉花按住抽血的位置幫助止血。

- 然後護士會幫你貼上膠布。

我還要繼續按住嗎？

對，然後你可以選你想要的膠布啊。

每個小朋友聽到要抽血都會有不同的反應。有些小朋友在抽血之前顯得非常擔心，但試過一次之後就不怕了；有些小朋友會感到非常害怕，他們覺得抽血是一件很辛苦的事；還有些小朋友曾經有過不愉快的經歷，所以他們再也不想抽血了；而一些小朋友因為經常需要抽血，所以他們已經習慣了……

我們知道沒有小朋友喜歡打針（大人也一樣）！如果醫生建議你做血液測試，這是因為這對你的治療是必要的，血液測試可以讓醫生更了解你的身體狀況，從而給予適當的治療。

為了克服恐懼

在抽血之前，你的爸爸媽媽和醫生會解答你所有的疑問，讓你更加安心。

你會去抽血……

我會陪在你的身邊。

你需要知道為什麼要抽血，抽血的時候要做什麼，這對你來說非常重要。

在抽血的時候，以下的事情可以幫到你：

- 如果你的爸爸媽媽陪你去抽血，你可以握住他的手，坐在他的大腿上幫你保持身體不動，讓他們講故事或者唱歌給你聽分散你的注意力，還有當然可以在結束的時候讓他們安慰你。

- 你可以嘗試放鬆自己，想一想一些快樂的回憶。

- 如果真的很難受，你可以大叫或者哭泣，但是身體盡量不要動。

- 你和你的爸爸媽媽或許可以一起找到其他克服恐懼的好方法。

為了減輕痛楚

麻醉藥膏（讓皮膚「入睡」）

在開始抽血之前，我們可以在抽血的位置塗上麻醉藥膏，這非常有效，但是必須小心使用。我們要知道以下四件事情：

藥膏可以塗在哪裏？

護士會幫你綁上止血帶，然後找到靜脈的位置，這樣他就可以知道打針的準確位置。以防萬一，他會在手臂選擇兩至三個抽血的位置。

什麼時候塗藥膏？

在抽血的一兩個小時以前，護士會在手臂上打針的位置塗抹藥膏。

如何塗抹藥膏？

● 藥膏可以是管狀的。

 護士會在皮膚上塗抹厚厚的一層藥膏。

 然後，護士會用一塊透明膠布蓋上塗好的藥膏，並且確保膠布的邊緣貼牢，以免藥膏滲出。

● 藥膏也可以貼附在藥貼裏面。

 這是一塊特別的膠布，上面已經塗好了藥膏。

什麼時候去除藥膏？

大概在抽血的十五分鐘之前，護士會撕掉膠布（同時除去皮膚上的麻醉藥膏），這樣的話，護士在打針的時候你就不會痛了。

安桃樂是在麻醉面罩內釋放的一種混合氣體

在醫院，當我們要做手術而無法順利地進行血液檢查（例如因為靜脈血管太過脆弱，護士嘗試多次都不成功，或者病人實在太害怕了……），必要時會建議使用安桃樂。這種麻醉藥物不會讓你睡着，它會放鬆你的身體，減輕你的痛楚。

你知道嗎？

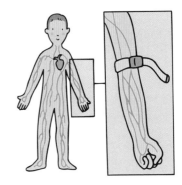

我們會從你其中一條靜脈抽血

身體裏有許多細小的管道讓你的血液可以持續流動：它們是動脈和靜脈。我們一般會選擇接近皮膚表層的靜脈進行抽血，通常它們位於手肘內側或者手背上。

當你握緊拳頭，流入手臂靜脈的血液會增加，再加上止血帶可以阻止血液流走，你的靜脈就會因而膨脹鼓起，我們就可以更清楚地看到你的靜脈了。

抽血用的針頭非常幼細

抽血用的針頭是中空的，它就像是一條微小的管道，穿過皮膚進入你的靜脈，你的血液因而可以通過針頭流入針筒裏面。

我們只會抽取少量血液

你看，就算試管裝滿了，倒進杯子裏也只是很小一部分。

根據你要做的血液測試，我們會抽取一支或者幾支試管的血量。但無論如何，這僅僅代表身體一小部分的血量，就像從一個全滿的瓶子倒出幾滴水的分量。再者，你的身體在持續不斷地製造新的血液，所以你無須過於擔心。

手臂上抽血的小洞會迅速癒合

你只需用一塊棉花按住傷口，它便能很快地癒合。有時候有些從靜脈流出來的血液會停留在皮膚表層，這會造成一點點的瘀青。在極少情況下，才有大量血液停留在皮膚表層，這會造成一個小腫塊⋯⋯但是無論是哪種情況，它們都會在幾天之內自行痊癒。

有些時候，抽血之前不可以進食

某些特定的血液檢查會要求你在空腹下進行抽血，空腹期間不可以進食或飲用任何東西。

誰會負責抽血？

可以由護士、醫生或者診所的醫護人員進行抽血。

給家長的話

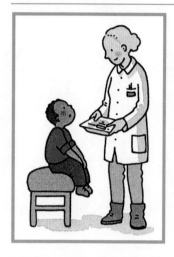

　　沒有小朋友會喜歡打針，當然大部分的大人也不例外。如果你的孩子之前沒有抽過血，那麼第一次的經驗對他來說極其重要，家長要盡可能幫他克服困難，讓他以後能夠滿懷自信面對這件事情。如果你的孩子對這次的血液檢查感到害怕，你也要陪伴他找到克服恐懼的辦法。以下幾個問題可讓你對抽血了解更多，並幫助你的孩子：

有兒童專用的抽血工具嗎？

　　有，某些止血帶可以漸進式收縮，它收縮的壓力比較輕，避免擰傷小朋友的手臂。此外，護士會根據小朋友的靜脈粗度，選擇抽血時使用的針頭類型，確保血液可以流入針筒。

需不需要使用麻醉藥膏？

所有的醫生都可以根據兒童的需要使用處方的麻醉藥膏：

- 如果小朋友的年紀太小，最好使用麻醉藥膏以免讓他留下不好的記憶，讓他誤以為打針是一種懲罰。
- 就算是年紀大一點的小朋友，如果他非常害怕打針或者經常需要抽血，那麼他也可以使用這種藥膏。
- 如果這次是小朋友第一次抽血，那麼你也可以使用麻醉藥膏，以免留下不好的第一印象。

　　這種麻醉藥膏一般不會出現過敏反應，它甚至可以在初生嬰兒身上使用。但是要注意避免小朋友自行撕去藥膏膠布，以免藥物接觸他的眼睛或者嘴巴。

在醫院，醫生可因應需要使用麻醉藥膏，但是在一般的診所，麻醉藥膏的使用仍未普及。所以家長必須與醫生做充分的溝通，在塗抹藥膏的時候必須要有專業人士在場。

麻醉藥膏會改變皮膚的外觀嗎？

會，麻醉後皮膚可能會變蒼白或者變紅，靜脈也會變得不明顯。這就是為什麼要在抽血前十五分鐘去除藥膏（藥效持續一到兩個小時），從而讓皮膚的外觀回復正常的狀態。我們還需留意小朋友是否出現發冷的症狀（如果有，這代表靜脈收縮了），你可以在打針之前輕輕拍打小朋友的手臂，促進血液流動。

抽血會「失敗」嗎？

如果小朋友的年紀太小，抽血在技術上會相對較困難（根據小朋友的身形和靜脈的可見程度），有時候護士是有機會抽不到血的。在這種情況下，護士一般會嘗試在身體其他位置再次抽血，或者讓其他較有經驗的同事負責。但是為了小朋友的身體着想，我們建議護士在一般情況下只可以嘗試兩到三次。抽血一般不會導致生命危險，我們總是可以找到解決問題的方法。

疼痛的感覺……

你知道嗎？雖然**疼痛***是一種讓人不舒服甚至難以忍受的感覺，但是它可以提醒我們注意外界的危險和自身的疾病，就像是身體裏的警報器。

當你用手觸碰蠟燭上的火焰，疼痛會提醒你立刻抽回小手，以免導致嚴重燒傷。

這種讓人不舒服的感覺可以讓你學會避開危險！

但是它無法避免意外的發生……

……就算當我們長大了！

是痛苦還是疼痛？

當我們感受到疼痛，心情當然不會好，所以有時候疼痛會讓我們產生痛苦的情緒。但是除了疼痛，在我們傷心或者不幸的時候也會感到痛苦。所以我們往往很難感受到疼痛和痛苦之間的區別。

疼痛可以讓你知道生了什麼病。

　　如果你生病需要做手術或者接受某種治療，這可能會讓你感到疼痛，但是大人們有方法可以幫你舒緩、減輕甚至避免這種痛楚。

　　痛覺對健康很重要，你可以通過感受不同程度的疼痛找到身體哪裏出了問題。接下來，我們會教你如何把疼痛的感覺表達出來，讓你知道各種舒緩疼痛的方法。

當你覺得痛的時候，身體發生了什麼事？

身體裏的神經和大腦可以讓你產生痛覺。這個過程發生得很快，大致可以分為三個步驟。

例如，當你騎單車的時候摔倒了……

身體的每個部位都布滿了痛覺感受器，當你受傷的時候，這些感受器就會接收到信號。

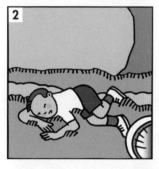

然後神經就會負責傳遞信息。

最後，大腦會接收到信息，分析緊急信息的內容，然後你就感到痛。

你知道嗎？

痛覺是保護身體的好幫手。這就是為什麼大腦會優先處理痛覺的信息。這就像是當消防車經過的時候，其他車輛都需要讓路。

根據接受到的不同信息，大腦也會做出不同的反應，處理的方法也有所不同。

騎單車摔倒

▼

我之前試過

▼

揉一揉膝蓋

注意燙手

▼

有可能燒傷

▼

快！縮回你的手！

最後，大腦會增強或者減弱你的痛楚。

當你感到害怕或者驚嚇的時候，痛楚會被放大。

在你傷心和孤獨的時候，你會特別感受到痛楚。

但當你知道接下來要做什麼，你會更有信心，也會感到沒那麼痛了。

苦行僧會通過鍛煉強大的意志力，讓他們能夠感受不到痛楚。但這並不容易，需要長時間的練習！

不同程度的疼痛

哎呀！

在日常生活中經常碰到的小疼痛。

你的中耳炎較為嚴重，可能會比較痛。

小時候的疾病也會帶來疼痛。

我在滑滾軸溜冰的時摔倒了，然後咔嚓！真的是超級痛。

天啊！

還有意外事故、骨折、燒傷。

你今天沒那麼痛了嗎？

一些嚴重的長期疾病所帶來的疼痛。

啊！

忍一忍，很快便會結束。

還有醫生或護士在治療時帶來的疼痛。

我找不到原因，這需要做進一步的檢查。

以及一些我們無法立即找到原因的疼痛。

　　根據不同程度的疼痛，你的父母可以找到相應的辦法舒緩痛楚，但是在某些情況下，我們必須要去醫院諮詢醫生的意見。

為什麼要把疼痛的感覺表達出來？

有些時候，小朋友不知道要怎麼形容疼痛的感覺（大人也一樣！），但是把它說出來是非常重要的，因為：

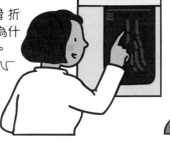

你這裏骨折了，這是為什麼你會痛。

因為我們無法用X光照到痛覺，也無法抽血來檢測痛覺。

我們可以找到疼痛的原因，但是無法知道你感覺有多痛。

發生什麼事？誰欺負他了？

沒人欺負他！

嗚嗚……

我不覺得打針很痛。

我覺得超痛，打針太可怕了。

我們可以因為痛楚哭泣，也可以因為感到傷心而哭泣。

每個小朋友感受到的疼痛都不一樣。

只有你自己知道哪裏痛了以及到底有多痛。

你知道嗎？

當感到疼痛時，不同國家的人有不同的表達的方式，例如：我們通常會自然地發出「哎呀！」；英國人會說「Ouch!」，日本人會說「痛い」，德國人會說「Au!」

Au!Au!

哎呀！好痛呀！

如何把疼痛的的感覺表達出來？

以下幾種方法可以讓醫生和護士了解你的痛楚。

告訴他們你哪裏痛

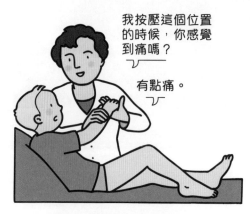

我按壓這個位置的時候，你感覺到痛嗎？

有點痛。

醫生會幫你做檢查，
找到疼痛的位置。

就是這裏。

原來你是膝蓋後面覺得痛。

他也會讓你在圖畫上把
疼痛的位置塗上顏色。

告訴他們你是哪種痛

像是有人在敲打你的頭？

對，就像腦袋裏有一個錘子。

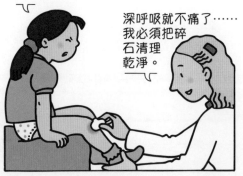

這裏很刺痛！

深呼吸就不痛了……
我必須把碎石清理乾淨。

用你會的字眼把疼痛的感覺描述出來：被針刺到的感覺、被火燒的感覺、發燙、被敲打的感覺、緊繃的感覺、扭傷、擦傷、撕裂的感覺、刺癢的感覺……

告訴他們你有多痛

根據你的年紀和面對的情況，你可以這樣說：

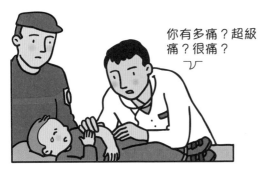

你有多痛？超級痛？很痛？

用言語和文字來表達。

0分代表不痛，10分代表最痛，你現在疼痛的感覺有幾分？

用數字來表示。

在卡片上選一個最適合你的表情。

可以用表情表示疼痛的程度。

你覺得越痛，就把指針移到越高的位置。

也可以用**疼痛量表***。

就算是還不會說話的小朋友，我們也有方法知道他們疼痛的程度。

但他究竟怎麼了？他一般不會哭得這麼厲害。

他一定是肚子疼。

從孩子出生開始，家長們就開始不斷學習理解自己的小朋友。

她沒有伸手讓我抱，也不玩耍。她今天有點緊張。

醫護人員會在醫院持續觀察小朋友的一舉一動。

如何減輕痛楚？

當醫生和護士清楚了解你疼痛的感覺，他們會想辦法解決它。減輕痛楚的方法有很多種，有時候用一種方法已經足夠，有時候要多管齊下。

這項檢查是為了幫你……

他們會解釋接下來會做什麼，讓你更加安心、更加放鬆。

很久很久以前……

在你注意其他事情的時候，痛楚也會減少。

我的乖寶寶！

嗚嗚……

嬰兒在吮奶嘴或者「抱抱」的時候會比較安心。

你不會突然走掉吧？

爸爸媽媽細心的照顧也會讓你感覺好些。

你會覺得手臂很重……越來越重……

如果你懂得放鬆自己，這也會減輕疼痛的感覺。

再沖多一會兒，這可以緩解疼痛。

燒傷或燙傷的時候用冷水沖洗可以減輕痛楚。

許多藥物可以幫助舒緩疼痛

當你有一點點痛：阿斯匹靈、撲熱息痛、消炎藥。
當你感到很痛：可待因、納布啡、曲馬多。
當你感到非常痛：嗎啡

止痛的藥物有很多種，但需先了解是否適合自己的身體狀況使用，而且不要濫用。有些止痛藥或含有副作用，在使用之前必須諮詢醫生或專業醫護人員的意見。在某些嚴重的情況，須由專業醫護人員才能使用。

止痛藥物有不同形式：

藥水	藥片	栓劑	藥膏

麻醉針	麻醉藥膏	吊鹽水	混合氣體

醫生和護士會定時確認你的情況，確保你不會因為治療而承受太大的痛楚。如果你覺得使用的藥物沒有緩解疼痛，記得立即通知他們：醫生會調整藥物的劑量或者選用其他藥物。

　　千萬不要忍到太痛才告訴醫生，早點告訴醫生才能更快舒緩疼痛。

每個小朋友感到疼痛的時候
會有不同的反應

這取決於小朋友的年齡、會不會表達、父母在不在場……

啊！

有些小朋友會哭個不停
或者大叫。

你還好嗎？
我沒事……

相反，有些小朋友想要
表現得很堅強。

等她康復之後便
可以出院了。
沒事了，我
不痛了！

也有些小朋友不想讓爸爸
媽媽擔心，想要盡快出
院，所以不敢告訴他們。

你感覺
好一點
嗎？
其實沒有，
但我不想打針。
是的！

或者因為害怕打針而不敢
說出來。

醫生打算用適量
的嗎啡幫小朋友
止痛，這是非常
安全的，不會導
致上癮。

也有些爸爸媽媽和小朋友會
擔心使用某些藥物。

他不肯講話，這
種情況不正常。

甚至有些小朋友感到非常害怕，
害怕得一句話都說不出來。

需要準備的問題

在你看醫生的時候，他可能會問你問題和了解你的習慣，以幫助他處理你的痛楚。下列問題可以幫你提前做好準備。

- 當你感到疼痛的時候，你會怎麼做？

- 你還記得上次疼痛的經歷嗎？

- 你做了什麼來舒緩痛楚？

- 你有找到適合自己的方法嗎？（熱敷、冰敷、揉一揉、深呼吸、想別的事情轉移注意力……）你有沒有覺得很痛但是不敢說出來？

- 你有試過在受傷、生病或者做手術的時候感到疼痛嗎？

- 你當時有沒有吃止痛藥？

- 有人教過你其他舒緩疼痛的方法嗎？（放鬆身體、分散注意力……）

- 有沒有醫生或者護士問過你「有多痛」？你是用言語和文字、數字、圖畫來表達，還是用疼痛量表？

- 在做檢查或者治療的時候，轉移注意力是減輕疼痛的好方法。你覺得哪個方法最適合你？
  - 聽故事、聽音樂、還是畫畫？
  - 想想自己喜歡的動物？觀看影片？
  - 你希望爸爸媽媽陪在自己的身邊？

　　嘗試和別人討論上面的問題，你可以和爸爸媽媽、好朋友或者照顧你健康的人一起討論。

你知道嗎？

根據香港註冊醫生專業守則，醫護人員有拯救性命和舒緩痛楚的特殊道德責任。此外，他們還必須與病人建立信任的關係，因為病人的信任在治療過程中十分重要。

給家長的話

　　每當孩子感到疼痛，作為父母總是非常心疼。雖然很想幫到孩子，但卻不知如何是好。

疼痛的情況不盡相同

　　小朋友在日常生活中難免遇到一些小碰撞：小朋友喜歡打鬧、喜歡探索，他們總要試過幾次跌跌碰碰，才會意識到外界的危險，才會學會玩鬧的分寸。他們還會體驗到各種與痛覺息息相關的情緒：傷心、內疚、孤獨、生氣……小朋友常常會用哭泣表達疼痛的感覺，例如在跌倒受傷的時候。但哭泣有時候代表着某種情緒，例如在他賽跑輸了的時候，他會因為感到失望和憤怒而哭泣。當然，疼痛的感覺也有它的用處，它可以讓小朋友學會勇敢、學會控制自己的情緒、體會得到安慰的快樂……有些疼痛可以幫醫生迅速診斷疾病的成因，但在醫生了解病情過後，我們可以盡量幫小朋友緩解痛楚。一般情況下，醫生和護士會告訴你哪種治療方法會比較痛、這種疼痛是不是無法避免的。有許多治療方式都可能引起疼痛的感覺，例如縫合傷口、打針、做手術等等。這些痛楚都是可以理解的，但是我們可以通過各種各樣的方法在治療的過程中減輕或者避免這些疼痛的感覺。

醫生，她真的很痛！拜託你幫幫她！

什麼時候需要治療疼痛的症狀？

　　當疼痛已經持續一段時間並已強烈到足以影響小朋友的日常生活，我們就應當及時給予治療。我們首先要確認問題的存在，然後找出疼痛出現的位置，最後評估疼痛的嚴重性。小朋友常常不知道如何表達疼痛的感覺，他們說不出哪裏痛、哪種痛、有多痛，這是因為他們「看不見」自己的身體，但大人往往可以比小朋友更快察覺到問題的存在。此

外，每個人面對疼痛的反應是不一樣的，有些小朋友會叫痛，而另一些則比較會忍痛，但無論如何，作為家長都不應該帶着審視的眼光看待他們。表達痛苦的感受不是懦弱的表現，也不代表小朋友很「嬌氣」，我們反而應當鼓勵他們多多表達不同的感受和情緒。新生兒和嬰兒其實也能夠感受到疼痛，他們只是不懂得及時做出反應保護自己。就算是初生嬰兒也會對疼痛留下記憶，例如：嬰兒在做完鼓膜刺穿術後（醫生用來治療嚴重中耳炎的一種方式），他們會長期對看醫生產生一種恐懼。

家長可以做些什麼？

當小朋友需要經歷痛苦的疾病或治療過程，家長的支持尤其重要，因為你們是最了解孩子的人。你們可以幫孩子表達他的感受，做他的代言人，陪伴着他，向他解釋當下的情況，讓孩子了解清楚治療的目的，做好心理準備，這樣他們比較能夠承受痛苦。相反，在我們毫無防備的情況下，一絲的疼痛都會令人難以承受。

這就是為什麼作為家長需要負責了解各種不同的治療方法，以及這些方法會帶來哪些痛楚，哪些是必要的以及哪些是可以避免的。根據病情，醫生會提供許多治療方案，有較為溫和的，也有較為激烈的。我們一般可以結合某種方法，多管齊下，盡量讓小朋友不那麼辛苦地經歷治療的過程。家長普遍對使用嗎啡感到遲疑和憂慮，正因如此就算小朋友可能需要面臨巨大的痛楚，許多醫生也不傾向於使用嗎啡。然而許多實驗充分證明了以舒緩痛楚為用途的嗎啡是不具有成癮性的。

治療疼痛的方法日新月異，這不僅是醫療技術團隊的功勞，更有賴於一羣愛護孩子的家長，他們積極尋求改善技術的方法，用他們的方式減輕孩子的痛楚，例如選用一些不會刺痛傷口的消毒藥水。我們絕對不能忽視小朋友的痛楚，更加不能一味追求所謂的萬能藥，試圖用一種藥物處理所有的情況，這是不切實際的做法。相反，我們應該了解每個治療方法的利弊，嘗試結合不同方法，盡量減輕甚至避免不必要的痛楚。

關於疼痛

什麼是疼痛？

　　我們很難簡單地界定什麼是疼痛。根據國際疼痛研究學會（International Association for the Study of Pain, IASP），疼痛的定義為：「疼痛是與實際或潛在的組織損傷相關的不愉快的感覺和情緒體驗，或類似這種損傷的描述。」

評估痛楚的方法

　　疼痛是一種主觀的感受。在治療疼痛的過程中，醫護人員會選擇用不同的客觀方法來量化疼痛的感覺，繼而評估治療的成效。

- 口述疼痛量表 (Verbal Rating Scale)：我們可以單純以口述的方式讓小朋友形容疼痛的程度：一點點痛？中度痛？很痛？非常痛？這個方法適用於4歲以上的小朋友。

- 數字疼痛量表 (Numerical Rating Scale)：讓小朋友用數字評分，0分代表不痛，10分代表非常痛。這個方法適用於8歲以上的小朋友。

- 臉譜量表 (Wong-Baker Faces Pain Rating Scale)：這個量表上畫了六個卡通臉譜，疼痛程度由右至左遞增，從很愉快的笑臉一直到流眼淚大哭的臉譜。小朋友需要選一個「最像自己」的臉譜。這個方法適用於4歲以上的小朋友。

- 視覺類比量表 (Visual Analogue Scale)：量表上有一條100mm的橫線，小朋友可以用筆標示對應的疼痛程度，0mm代表「完全不痛」，而100mm則代表「非常痛」。這個方法適用於6歲以上的小朋友。

- 小朋友還可以通過給人形圖案上色標示疼痛的位置。首先，他要選四個顏色代表四種疼痛的程度（一點點痛、中度痛、很痛、非常痛）。然後他需要分別在兩張圖畫上用彩色筆把疼痛的位置標示出來，一張

是臉部圖案，另一張是身體圖案。

● 透過**醫療團隊***的定時觀察：這個方法主要針對年紀較小的幼童或者殘障兒童。醫護人員會觀察小朋友的行為，繼而評估疼痛的程度。他們會嘗試找出疼痛的跡象，例如哭泣、情緒激動、做出不自然的姿勢、尋求安慰等等。觀察的過程一般需要家長從旁協助。

　　但無論醫護人員用哪種評估方式，他們最後都會在小朋友的醫療檔案中記錄一個「分數」。

精神運動性阻滯

　　有時候，小朋友會因為承受過度的疼痛而對外界失去反應。我們很可能會誤以為他純粹感到難過、平靜，或者甚至覺得他很聽話！但是只要給予適當的止痛藥，他便會重新開口講話、活動、玩耍、對外界重新產生興趣。

止痛藥物：WHO的三階段給藥原則

　　止痛藥物根據它的止痛強度被分為三個類別，這主要參考世界衛生組織 (World Health Organization, WHO) 建議的三階段給藥原則。

第一階段：輕度疼痛。醫生可以使用阿斯匹靈、撲熱息痛和不含類固醇的消炎藥，例如布洛芬。

第二階段：中度疼痛。醫生可以使用可待因、納布啡、曲馬多或者第一階段的止痛藥物。

第三階段：重度疼痛。醫生可以使用嗎啡止痛。嗎啡可以經口服例如藥水和藥片，或者經靜脈注射吸收。在某些情況，醫生會採用「病患自控式止痛」，他會設定最大的攝取量，然後由病人自行控制所需的分量。然而嗎啡並不是在所有情況下都適用，某些疾病即使會導致重度疼痛，醫生也不會使用嗎啡或者嗎啡類的止痛藥物，例如偏頭痛、神經損傷而導致的疼痛或者心因性疼痛，因為嗎啡不僅無效甚至會加重病情。醫生因而會採用其他止痛措施。

　　大部分第一階段的止痛藥物不是處方藥物，可以在市面上買到，還

有不同的牌子可供挑選。但是其餘的藥物都屬於處方藥物。為了讓治療更快更有效，請根據醫生指示的分量和時間服用藥物。

局部麻醉

這也是一種可以避免產生痛覺的方法。它有三種形式：

- 注射麻醉劑：這就像牙醫在治療牙齒的時候在牙齦注射麻醉劑。這項技術也可以用在其他治療，例如傷口縫合，但是打針的過程往往會令人感到疼痛。
- 麻醉噴霧或者凝膠也是治療疼痛的有效方法，這專門針對黏膜組織，例如牙齦、口腔內部或者鼻腔內部。
- 麻醉藥膏可以讓皮膚「入睡」，打針的位置就不會產生痛覺。醫生需要塗抹厚厚的一層，再用特殊的膠布覆蓋，或者直接使用含有麻醉成分的藥貼。麻醉藥膏需要在治療前一個小時使用。這項技術經常用於治療皮膚病或者包皮環切術。

混合氣體安桃樂

安桃樂是一種麻醉氣體，它混合了50%的氧氣和50%的一氧化二氮，和空氣一樣無色無味。我們須戴上麻醉面罩，然後方可吸入面罩內釋出的麻醉氣體。它不會讓你入睡，但可以放鬆身體肌肉，減輕治療時的痛楚（例如傷口縫合、拆線、包紮傷口和腰椎穿刺等等）。

傷口縫合

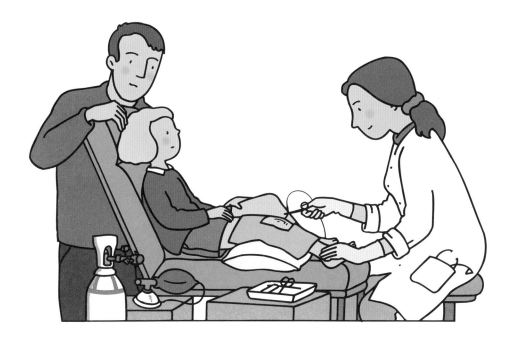

有時比較嚴重的割傷、擦傷、挫傷，導到皮膚出現撕裂的傷口，醫生便需要把傷口兩邊重新連結在一起，稱為「傷口縫合*」。

讓傷口癒合非常重要，這可以加快傷口結疤，防止細菌感染，疤痕也會更淡。目前有許多讓傷口癒合的方法：輕微擦傷可使用藥水膠布、抗菌凝膠或藥膏；較為深的傷口需要使用傷口釘針或縫合。

在治療時，你可能會感到疼痛，但我們可以用不同方法舒緩疼痛。

如何縫合傷口？

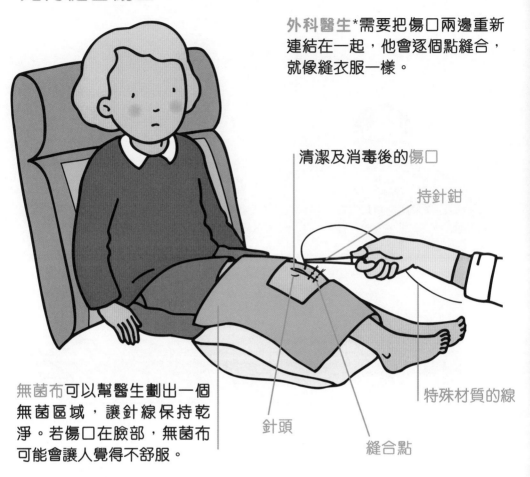

外科醫生*需要把傷口兩邊重新連結在一起，他會逐個點縫合，就像縫衣服一樣。

清潔及消毒後的傷口

持針鉗

針頭

縫合點

特殊材質的線

無菌布可以幫醫生劃出一個無菌區域，讓針線保持乾淨。若傷口在臉部，無菌布可能會讓人覺得不舒服。

其他方法

我們可以用強力的藥水膠布。

可以用特殊的工具給傷口釘針。

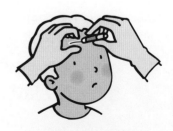

或者用抗菌凝膠或藥膏讓傷口癒合。

如何緩解疼痛？

你可能會在意外受傷的時候忍不住感到焦慮，大人會陪伴着你，告訴你處理傷口的方法，讓你盡量放鬆和安心。不怕痛的時候也就沒那麼痛了！

清洗傷口

一開始的時候會有點「火燒」的感覺。

嗞嗞

- 護士可以用不刺痛傷口的消毒藥水。這個過程較為辛苦和漫長，尤其當護士要除掉傷口上的碎石和塵土，這可能會花較長的時間。

- 在這種情況下，我們可以使用某種噴霧或者敷料讓你的皮膚「睡着」。

縫合傷口

- 有需要的時候，我們會在開始縫合之前使用局部麻醉讓傷口「入睡」。醫生會用一根很細的針在傷口附近打一針或者幾針。等待三到五分鐘過後，麻醉劑會開始發揮藥效。打針的過程會引起疼痛，但是遠遠比縫合傷口要輕鬆得多，此後你便不會感覺到縫合傷口的疼痛。

你可以用它慢慢吸氣。

- 許多醫院會採用麻醉面罩，它會釋出一種名叫安桃樂的麻醉氣體，由50%氧氣和50%一氧化二氮混合而成。安桃樂可以幫身體放鬆，大大紓緩打麻醉針和縫合傷口時產生的痛楚。

縫合的時間取決於傷口的大小，如果你可以忍住不動，護士可以更快地完成縫合啊！當你覺得沒那麼痛，自然也就更容易維持固定的姿勢！

給家長的話

在許多緊急的情況下，我們會進行傷口縫合，這對很多小朋友來說有點嚇人甚至是痛苦的。為了讓他能夠在治療時盡量放鬆，家長和孩子都應該要十分信任負責的醫護人員。現今的醫療技術可以提供許多有效的止痛方法。以下會解釋各種方法的特點和注意事項。

我們可以採取哪些方法讓傷口癒合呢？

如果傷口較淺而且沒有出血，我們可以使用藥水膠布讓傷口癒合。

如果傷口較小，切口乾淨呈直線，而且位於較少移動的部位，例如額頭或者臉頰，我們可以使用抗菌凝膠或藥膏。

如果傷口出現在頭部或者毛髮生長的部位，我們較常用傷口釘針的方法進行縫合，這快捷有效，而且無須剃掉毛髮。

如果治療的對象是嬰幼兒，而且治療的時間較長或較為困難，我們有時候會採用全身麻醉的方法。

我們什麼時候可以拆線或者拆除釘子？

一般在傷口縫合後一個星期，但要根據實際情況以及傷口的嚴重程度，詳情請諮詢醫生。拆除的過程是比較辛苦的，因為護士可能會拉扯或者摩擦到傷口的位置，但這會在短時間內完成。有些手術縫線是「可吸收的」，因此無須拆線。

我們需要注意什麼？

若小朋友的傷口接觸到含鹽分或者生鏽的物品，這可能會引發嚴重的疾病，例如破傷風。如果你的孩子未接種疫苗，我們建議你儘早聯絡醫生，幫孩子打預防針。

在縫完傷口的前幾天，小朋友必須小心地「保護」好縫合的位置，避免再次摔倒，或者在推撞的時候把縫線弄斷。

傷口結痂時，須注意避免接觸到水，盡量不要洗澡，並且在傷口癒合後一年之內，避免疤痕暴露在陽光下。

當醫生通知你要手術

這就是為什麼
我要幫你做手
術……

做手術的原因有許多種，但無論是哪一種情況，我們都會讓
小朋友的身體「入睡」。這可以讓你在手術時保持身體不
動，也不會感到疼痛。

我什麼也
感覺不到。

我什麼也
聽不到。

我什麼也
看不到。

這種特殊的睡眠叫作全身麻醉

Dr. Anne
Sze

你好，我是
麻醉科醫生。

幫你入睡的醫生叫作
麻醉科醫生*。在做
手術的時候，他也需
要在場。

然後你需要見一見麻醉科醫生

我要檢查你的身體，確保你的身體適合麻醉以及做手術。我們有兩種方法幫你入睡，我接下來會慢慢告訴你……

一般情況下，你會在做手術前一個禮拜見麻醉科醫生。

你和你的家長可以在這段時間向麻醉科醫生問問題，例如關於麻醉的方法和做手術的流程。

好了，我要打針了。

麻醉科醫生可能需要幫你抽血。在開始前，他可以使用麻醉藥膏，讓你在打針的時候不那麼痛。

這是阿湯的資料，用來準備明天的手術……

和你見面的麻醉科醫生未必會參與你的手術。他會和醫療團隊一起合作，與其他麻醉科醫生溝通，幫你完成手術。

119

在做手術前

你可以告訴所有人……

他要做手術……
而且……

我聽說你要做手術，這是真的嗎？

奶奶你好嗎？我要去做手術了。

大家聽我說，我要做手術了，而且還要麻醉！

天哪！其實我很害怕！

然後你要準備住院的「行李」。你可以帶：

全都裝得下嗎？

你的爸爸媽媽會幫你準備所需文件。

最後，你會入住醫院

這些東西要放在哪裏？

如果你的手術時間在早上，那麼你要入住醫院的病房。

你好湯姆！今天早上不可以吃早餐啊！

你會在醫院睡一晚。然後第二天早上你要保持空腹的狀態。

起牀啦，要去醫院了。不可以吃早餐啊！

如果你的手術時間在下午，那麼你可以在家睡，但也要保持空腹。

娜娜，這是你的牀，在小安的旁邊。

你好。

你會在醫院的病牀上等待手術開始。

下面是負責照顧你的醫護人員：

護士長*，也就是「總管」

護士

護理員*

醫院雜工*

手術前要做的準備

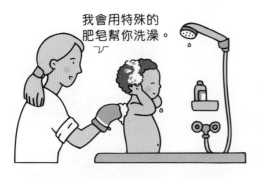

我會用特殊的肥皂幫你洗澡。

如果你在醫院過夜了，護理員會幫你洗澡，讓你保持乾淨。

她今天早上在家洗澡了。

如果你在手術當天才去醫院，那在去之前要先洗好澡。

只有我的腳伸出來了！

然後你要換上醫院的**手術服***。

這用來做什麼？

這是為了讓醫護人員在做手術的時候知道你的個人資料。

護士會在你的手腕上戴一條手帶，上面標示着你的姓名。

如果麻醉科醫生要求的話，護士會讓你服用藥物，讓你放鬆身體：這叫作**術前用藥***。

我不想吃！

這就像是栓劑一樣，但這是液體的。

我不喜歡用栓劑！

那不如讓你的媽媽幫你用，這樣可以嗎？

現在你準備好進入手術室了

露露，你和我一起去。

手術前用藥後，你會開始想睡覺。你必須躺在病牀上。

你知道外科醫生會在你身上哪個位置做手術嗎？

就是這裏！

護士會再次確認你知道為什麼要做手術。

擔架員*會來病房找你，然後用擔架車把你送進手術室*。

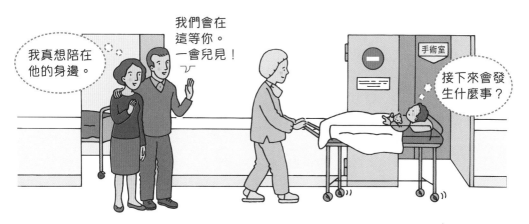

我真想陪在他的身邊。

我們會在這等你。一會兒見！

手術室

接下來會發生什麼事？

你一般會在這個時候與父母短暫分開。

一會兒見，小寶寶。

有時候擔架員會把你抱去手術室。

我會一直陪在你身邊直到你睡着。

在少數情況下，家長可以在**麻醉誘導期*陪在你身邊。

然後護士會在你身上連結監測的儀器。

心臟監察儀*

這個儀器會發出嗶、嗶的聲音！它連接着三條線，護士會把這三條線貼在你的胸口。

血氧儀*

它是一個戒指或者小夾子。它會夾在你的手指末端，並且發出紅光。

血壓計

附有一條戴在手臂上的壓脈帶，它連接着屏幕，而且會定時膨脹和收縮。

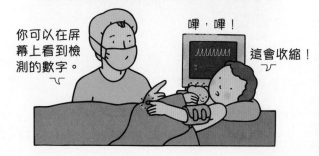

這三種儀器有各自的任務

我是心臟監察儀。我負責監測你的心跳。

我是血氧儀，我也叫作血氧飽和儀。我負責確保你呼吸正常。

我是血壓計。我負責確保你的心臟有血液流動。

他們會把所有數據顯示在屏幕上，幫麻醉科醫生持續觀察你的身體狀況。如果夾子鬆掉了，線的接口移位了，或是出現了什麼其他問題，他們會發出鳴笛聲！

嗶，嗶！

想一想那些會讓你開心的事。

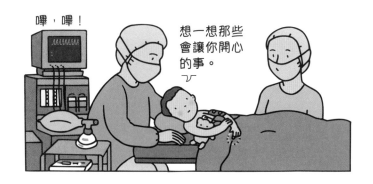

現在，麻醉科醫生會讓你睡着……

在這之前，讓我們解釋一下
這種特殊的睡眠

這和平常的睡眠不太一樣⋯⋯

在家的時候，你自己一個人睡覺。

在手術室，有許多人圍着你。

在家的時候，爸爸媽媽會在睡前親你一口。

在手術室，你的爸爸媽媽不在身邊。

在家的時候，我們會熄燈。

在手術室，醫生會用強力的無影燈照着你的身體。

在家的時候，你會在晚上睡覺，因為你累了。

在手術室，是麻醉藥物讓你的大腦「入睡」。

嗶，嗶！

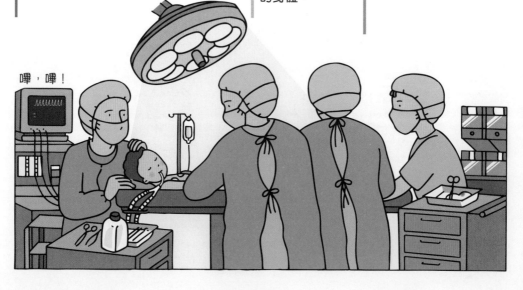

在麻醉期間

你的心臟會持續跳動
血液會在身體裏循環。

這就像你平常
睡覺一樣。

你可以自行呼吸。

如果你需要睡得更深。

我們會幫你插管,管道會連結至
一個幫你呼吸的機器:**呼吸機***。

你的消化系統會暫停。

這就是為什麼在麻醉前你不可以
吃東西。

這些都和正
常的睡眠有
所不同。

你不會做夢。

但是你會記得睡前和睡醒
後的記憶。

你的身體會很容易變冷。

為了保持你的體溫,我們會用
不同的方法幫你的身體取暖。

只有等到麻醉的藥效過後,你才會醒來。
在手術結束之前,你要一直「睡覺」。

麻醉科醫生會幫你打針，讓你入睡

你不會覺得痛，因為剛才我們塗了麻醉藥膏。

他會在你的手背或者手肘內側打針。然後，麻醉科醫生會拔掉針頭，將一根很細的管道插入你的靜脈。

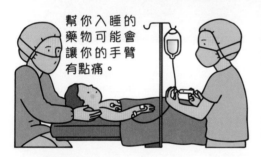

幫你入睡的藥物可能會讓你的手臂有點痛。

管道連接着一個吊瓶：這就是吊鹽水。

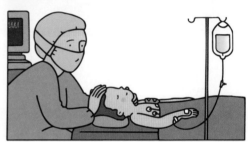

不到五秒鐘，你便會睡着。

嗶，嗶！

好了嗎？他睡着了嗎？我可以開始手術嗎？

吊鹽水可以把麻醉藥物和身體所需的營養成分注入你的血液裏。麻醉藥物可以防止你的肌肉收縮，減輕你的疼痛；營養成分可以在手術時為你的身體提供糖分和鹽分。

無論是打針還是戴面罩都一樣有效啊！

或者他會讓你戴上面罩呼吸

這讓我有點不舒服！

你要戴上面罩，慢慢地呼吸。

很久很久以前……

嗶，嗶！

有時候麻醉科醫生會給你講個故事。

然後你會睡得很甜，就像睡在棉花上一樣。

接着醫生會幫你吊鹽水，但是你不會感覺到，因為你已經睡着了。

現在，你的大腦睡着了，你身體的肌肉也很鬆弛：
外科醫生開始幫你做手術，而你不會有任何感覺。
麻醉科醫生在整個手術過程中會一直觀察着你的情況。

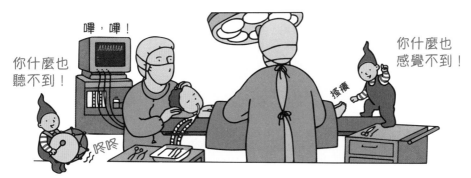

嗶，嗶！

你什麼也聽不到！

你什麼也感覺不到！

手術過後，你會被送到**復蘇室***。

在復蘇室中

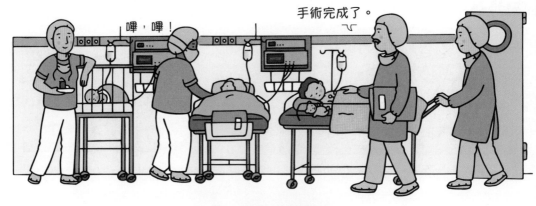

你會在這裏慢慢醒來。

如果你覺得痛,你可以告訴照顧你的護士。
她會負責照顧你,給你吃藥。

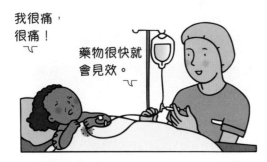

我很痛,很痛!

藥物很快就會見效。

我們可以幫你換「鹽水」,這樣你就不需要再打一次針了。

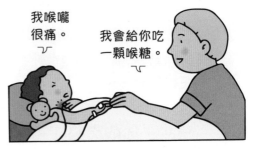

我喉嚨很痛。

我會給你吃一顆喉糖。

你可能會喉嚨痛,因為醫生剛才在你的氣管內插管了。

然後,護士會確保藥物發揮作用,幫你的身體恢復健康,同時,她還會定時評估你的疼痛情況。

她睡得很熟,這代表她沒那麼痛了。

通過觀察年紀較小的嬰幼兒。

最上面代表你感到非常痛。

或者給年紀較大的小朋友使用疼痛量表。

睡醒的時候，每個小朋友的反應都不一樣

有些小朋友不知道
自己在哪裏。

手術已經結束了，
一切很順利，你
可以休息一下，

護士會在你身邊照顧你，安撫你。

另一些小朋友會覺得口渴。

我要喝水！

你還不可以喝水。
我可以用紗布蘸
一點水，讓你的
嘴唇保持濕潤。

你在幾個小時之後才能喝水。

有些小朋友感到
噁心想吐。

我有點
想嘔吐！

沒關係。我
可以給你吃
止嘔的藥。

這經常發生，而且不太舒服。

大部分小朋友想見
自己的爸爸媽媽。

我的乖孩子，
我在這！

爸爸，真的
是你嗎？

有些醫院允許家長進入復蘇室。

在某些治療下半身的手術，我們會採用半身麻醉，
而不是全身麻醉。

半身麻醉可以緩解手術
後的疼痛，藥效長達幾
個小時。你在醒來的時
候會感到腿部很重。

我覺得我的
腿很奇怪。

這很正常，
很快就會恢
復了。

你醒來後可以回到病房。

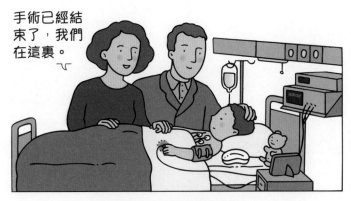

手術已經結束了，我們在這裏。

你可以在這裏看到父母。

用量表告訴我你現在有多痛。

做完手術後，由病房的醫護人員負責照顧你。

嗶，嗶！

一切很順利。他又睡着了，他會很快康復的。

醫生仍然需要用儀器監測你的身體狀況。

不同手術的恢復過程也不一樣。

但是，一天天過後，你可以逐漸回復正常的生活。

事前準備

每間診所和醫院的流程都不盡相同。你可以通過
提出下列問題，讓你更了解手術的情況。

- 我們會用藥片、藥水還是栓劑作為術前用藥？
- 我的父母要在什麼時候離開？在哪裏分開？他們可以進復蘇室陪我嗎？
- 麻醉的時候，我要打針還是戴麻醉面罩？
- 打針的時候，我可以塗麻醉藥膏嗎？
- 護士會在手背上打針，還是在手肘內側？
- 我可以先試戴一下麻醉面罩嗎？
- 面罩裏的氣體有香味嗎？
- 我會睡幾個小時？
- 我睡醒的時候會「插滿管子」嗎？
- 我會需要包紮嗎？會不會留疤？
- 如果我覺得很痛，醫生會不會給我止痛藥？
- 如果我吃完藥還是覺得很痛呢？
- 我要吊鹽水吊多長時間？
- 我要等多久才能吃東西、喝東西、起牀走動？
- 手術後，我需要特別戒口嗎？
- 我什麼時候可以回家？

你可以向醫護人員提問，例如你的主診醫生、外科手術醫生、麻醉科醫生、護士等等。你也可以和你的父母一起討論這些問題。大家都會幫你解答，讓你做好準備。

當然，你肯定會想到其他更多問題，儘管開口提問吧！

給家長的話

　　對小朋友來說，做手術絕對是人生的重要時刻。他們必須離開舒適的家，離開熟悉的環境，進入到一個陌生的環境和不認識的人一起相處。但是住院的經歷也可以幫助孩子成長。在你和醫生的協助下，小朋友可以學懂如何面對未知的事情。

如何幫孩子做好住院的準備？

　　家長在準備的過程中發揮着重要的角色。你可以在許多方面幫助孩子面對接下來的挑戰，而這本書提供了各種各樣的方法供你參考，不妨在住院之前和你的孩子一起閱讀這本書吧！鼓勵孩子把內心的想法說出來，然後盡量解答他的疑問。千萬不要為了安撫他的情緒而說善意的謊言，讓孩子充分了解自身的疾病以及手術和麻醉的目的。你可以向院方諮詢手術當天的流程安排。不妨讓孩子見一見其他曾住過院的小朋友，讓他更加安心。

家長在孩子住院期間可以做些什麼？

　　隨着醫療意識的轉變，現在越來越多兒科治療服務接受家長的陪同。有時候比起做手術，小朋友更加擔心和父母分離，所以家長的陪伴對孩子的治療是有利無弊的，尤其是對於6歲以下的兒童。詢問醫生家長是否可以在夜間、麻醉誘導期或者復蘇室陪伴孩子。最後，謹記若你無法在場陪同，記得在離開之前告知你的孩子。

諮詢醫院是否有提供生活輔導服務：有沒有生活輔導員、幼兒教師、玩具室？有沒有小丑醫生和小朋友互動？小朋友可不可以打電話給家長？小朋友在住院期間可能會鬧情緒，這是因為他們不知道醫生和護士是幫助他、治療他的人。如果他哭鬧或者抵抗，嘗試包容他們，這些都是合理的、正常的反應。但是要把握這些機會，讓他們了解治療的目的，學會處理自己的情緒以及面對陌生的環境。

回家後

　　回家後，小朋友一般會表現得更依賴家長：他可能會半夜醒來，比平時更加依賴你，更害怕陌生人……這些情況都會一步一步得到改善。你可以鼓勵他模仿醫生做手術，讓他把住院的經歷説出來或者畫出來。通過這些方法，你的孩子會漸漸走出住院時不開心的回憶。記得多多鼓勵孩子，告訴他「你已經很勇敢了，你知道如何克服困難！」。

喉嚨痛、
鼻塞……

你好！我要做手術切除扁桃體。我向醫生問了幾個問題，下面是他給我的答覆。

扁桃體在哪裏？

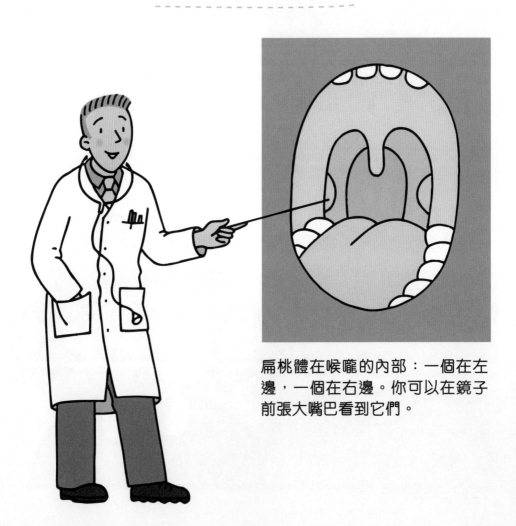

扁桃體在喉嚨的內部：一個在左邊，一個在右邊。你可以在鏡子前張大嘴巴看到它們。

你好！我要切除**腺樣體**＊。我向醫生問了幾個問題，下面是他給我的答覆。

腺樣體在哪裏？

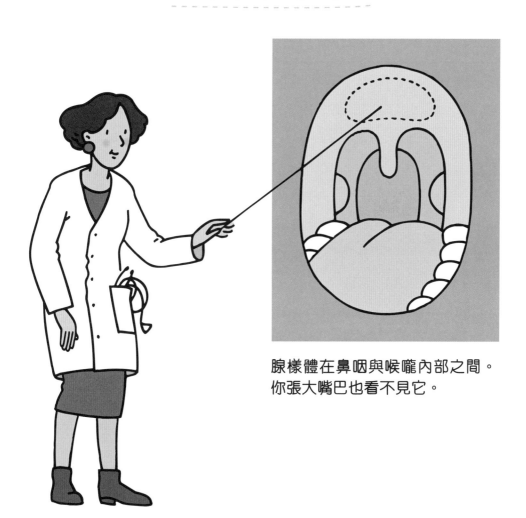

腺樣體在鼻咽與喉嚨內部之間。你張大嘴巴也看不見它。

扁桃體和腺樣體有什麼用？

扁桃體 (圖中以A表示) 和腺樣體 (圖中以V表示) 負責幫身體築起防護牆。

抵禦經呼吸進入的細菌和病毒（圖中以M表示）。

然後將它們打倒。

什麼時候需要切除它們？

當扁桃體和腺樣體無法消滅病菌，讓它們越過防護牆。

細菌和病毒便會侵入身體，不斷增生。你就會開始喉嚨發炎。

扁桃體和腺樣體會變得肥大，嚴重的話會阻礙呼吸。

如果你不把它們切除，這反而會讓你生病。

腺樣體可引起什麼疾病？

你會經常鼻塞、流鼻涕。

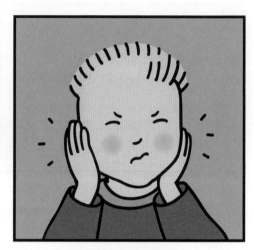

你的耳朵會很痛。

你會常常發燒。

呼嚕、呼嚕、呼嚕

你會在睡覺的時候打鼻鼾。

扁桃體可引起什麼疾病？

你會常常喉嚨痛。

吞東西的時候會感到疼痛。

你會在睡覺的時候打鼻鼾、做噩夢，還會半夜突然醒來。

因此，醫生決定幫你做手術切除扁桃體和腺樣體。

手術過程是怎樣的？

手術之前，麻醉科醫生
需要幫你抽血。

你的爸爸媽媽會陪你去醫
院或者診所。你可以在手
術前一天晚上出發，也可
以在手術當天早上出發。

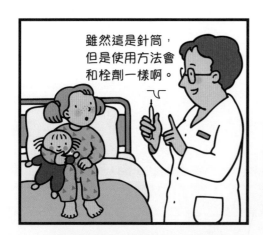

醫生會給你喝藥水或者使
用栓劑，讓你放鬆身體：
這叫作術前用藥。

你要在病房或者電梯前
與爸爸媽媽分別，然後
前往手術室。

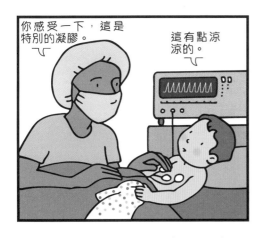

護士會設置心臟監察儀。它連接着三條線，每條線的末端附有特別的凝膠，用來貼着胸口。

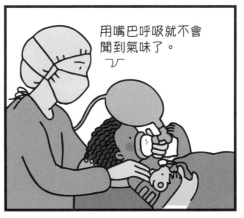

麻醉科醫生會使用面罩讓你入睡。

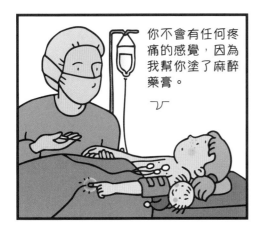

或者幫你打針，讓你在手術的過程保持睡眠狀態。

外科醫生會幫你做手術，而你不會感覺到疼痛。

你會在另外一個房間醒來，它叫作復蘇室。切除扁桃體和切除腺樣體的術後恢復過程並不相同。

切除扁桃體之後會發生什麼？

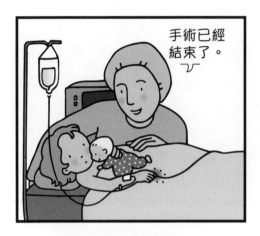

手術已經結束了。

你會在復蘇室吊鹽水，它可以為你提供藥物和術後恢復的營養。

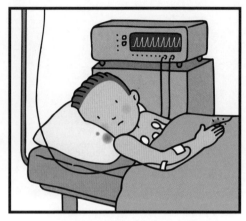

你的嘴巴會出現少量出血。這看起來很可怕，但是不要緊。

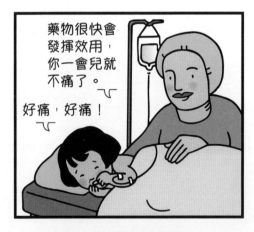

藥物很快會發揮效用，你一會兒就不痛了。

好痛，好痛！

你一定會感到疼痛，但是醫生會給你服用止痛的藥物。

由麻醉科醫生決定你什麼時候可以離開復蘇室。你可以在復蘇室或者你的病房見到爸爸媽媽。

回到病房後，你一定感到很疲憊。醫護人員會一直照顧你。

幾個小時後你才可以進食。

你回到家後仍然會感到疲累。你還需要止痛藥物幫你緩解疼痛。

在手術後幾天你需要戒口，但你的身體會一天一天健康起來。

切除腺樣體之後會發生什麼？

你醒來後如果還是感到疼痛，
醫生會給你吃止痛藥。

回到病房幾個小時後，
你才可以進食。

當你康復後便可以離開醫院。

回到家後，你很快便會
恢復健康。

事前準備

　　每間診所和醫院的流程都不盡相同。你可以通過提出下列問題，讓你更了解手術的情況。

- 手術過程需要多長時間？
- 我可以穿自己的睡衣還是要換醫院的病人服？
- 我可以把玩偶帶入手術室嗎？
- 擔架員會把我抱進手術室還是用擔架車推進去？
- 我會在哪裏與爸爸媽媽分開？在什麼時候？
- 麻醉的時候，我要打針還是戴上麻醉面罩？
- 打針的時候，醫生會幫我塗麻醉藥膏嗎？

- 我會睡多長時間？
- 我需要躺着還是坐着做手術？
- 我可以在復蘇室見到爸爸媽媽嗎？還是要回到病房才可以見到他們？

- 我什麼時候可以開始吃東西、喝東西、起牀走動？
- 手術後我需要特別戒口嗎？
- 我什麼時候可以出院？
- 我什麼時候需要覆診？

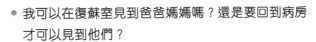

你可以向醫護人員提問，例如你的主診醫生、外科手術醫生、麻醉科醫生、護士等等。你也可以和你的爸爸媽媽一起討論這些問題。大家都會幫你解答，讓你做好準備。

當然，你肯定會想到其他更多問題，儘管開口提問吧！

給家長的話

　　許多家長小時候在做扁桃體或腺樣體手術的時候留下了不愉快的記憶，導致他們的孩子也產生先入為主的負面感受。但隨着醫療技術的進步，這項切除手術也變得更簡單。儘管如此，無論再小的手術對小朋友來說都是人生的重要時刻。他們必須離開舒適的家，離開熟悉的環境，進入到一個陌生的環境，和不認識的人一起相處，還有承受治療的痛楚。

　　這就是為什麼我們必須提前為小朋友做準備。你可以參考書上提供的不同方法。不妨在住院之前和你的孩子一起閱讀這本書，幫助他們理解治療的流程和目的。鼓勵孩子把內心的想法說出來，然後盡量解答他的疑問。千萬不要為了安撫他的情緒而說善意的謊言，嘗試根據孩子的年紀，以他可以理解的方式清楚解釋手術的內容。不要刻意避開治療時較為辛苦的部分，告訴他手術是為了改善他的健康，不會損害身體重要的功能，而且你會在身邊給予他支持。

　　家長的陪伴對孩子的治療是有利無弊的。有時候比起做手術，小朋友更加擔心和爸爸媽媽分離，尤其是對於6歲以下的兒童。詢問醫生家長是否可以在夜間陪伴孩子，還有能否在手術結束後進入復蘇室看望孩子。目前在香港不是所有醫院接受家長的陪同，不妨向院方作更詳細的諮詢。

到了醫院後，雖然家長不可能無時無刻陪伴着孩子，但最重要的是遵守和孩子之間的承諾，在情況允許的時候盡量陪在他身邊。若你無法在場陪同，也要在離開之前告知你的孩子。還有記得通知他的學校關於手術的事情，如果他有兄弟姊妹的話，也要讓他們知道這件事情。在手術的前一晚，你可以和孩子一起準備去醫院所需的行李。讓他帶上喜歡的玩偶或者玩具，因為與爸爸媽媽分別之後，這些玩具可以幫助安撫孩子的情緒。

短暫住院

根據小朋友的健康情況，外科醫生會建議只做腺樣體切除手術還是扁桃體切除手術（通常扁桃體會和腺樣體一併切除）。一般來説，腺樣體切除手術可以即日出院甚至無需住院，但如果和扁桃體一併切除則可能需要住院一到兩天。

麻醉諮詢*

你需要在手術前一周諮詢麻醉科醫生關於手術的安排。屆時他會幫小朋友做身體檢查，確保手術能夠順利進行。你可以藉此機會提出你的疑問，例如住院安排、手術當天的流程、麻醉的方式、疼痛的程度以及術後恢復等等。記得在見面前準備好所有重要的問題。小朋友會在手術當天或者前一晚再見一次麻醉科醫生。

空腹

麻醉必須在空腹的情況下進行，但這對年紀較小的小朋友來説較為困難。麻醉科醫生會明確指示空腹的時間，確保麻醉時小朋友的胃是空的，但同時不會讓他挨餓太久。在兩者中取得平衡實際上並不容易，因為不同種類的食物和飲料所需要的消化時間也不一樣。麻醉科醫生會和你詳細溝通並確定一個適當的空腹時間。

術後恢復

為了小朋友的安全着想，在手術結束後他必須在復蘇室休息直到醒來，麻醉科醫生會在這段時間觀察小朋友麻醉後的恢復狀況。他會在小朋友恢復意識後為他提供所需的止痛藥物。一般來說，腺樣體切除手術的恢復時間比扁桃體切除手術較快，小朋友可以在較短時間內離開恢復蘇。

腺樣體切除手術後，一般的止痛藥例如撲熱息痛已經足以有效緩解疼痛。而扁桃體手術則需要更強效的藥物止痛，我們需要通過吊鹽水的方式為小朋友提供藥物和營養，某些醫院會在術後前幾個小時使用嗎啡緩解疼痛。根據藥物的止痛程度，醫生的給藥方式分為三個階段。第一階段為輕度疼痛（例如撲熱息痛）；第二階段為中度疼痛（例如可待因）；第三階段為重度疼痛（例如嗎啡）。

另外，術後可能會出現其他不適的症狀，例如會覺得噁心想吐、嘔吐時帶有血絲等等。手術後，嘴角或鼻子周圍也可能會留有血跡，這對小朋友來說也是需要克服的困難。

飲食

大部分小朋友可以在手術後幾個小時開始進食。如果小朋友能夠按時吃東西，這對他的恢復有很大幫助，因為咀嚼食物有助於傷口更快結疤。但是在扁桃體切除手術後，吃東西可能會引起疼痛。醫生可以使用止痛藥物幫小朋友減輕疼痛，方便他在恢復期間進食。

支持你的孩子

在住院期間，小朋友會遇到許多需要克服的困難。他們常常不理解醫生和護士是幫助他、治療他的人。如果他哭鬧或者抵抗，嘗試包容他們，這些都是合理的、正常的反應。就算是平時很勇敢的「大孩子」也可能會哭鬧，畢竟他在一個陌生的醫院醒來，喉嚨還感到疼痛，所以產生不安的情緒是可以理解的。但家長要把握這些機會，讓他們了解治療的目的，學會處理自己的情緒以及面對陌生的環境。

回到家後

　　在術後恢復期，小朋友會需要額外的照顧和鼓勵。一般來說，扁桃體切除手術的恢復時間比腺樣體切除手術較長，恢復過程也較為辛苦。小朋友在出院後前三天可能會持續感到較大的痛楚，我們一般會使用第二階段的止痛藥物（例如可待因）來緩解術後疼痛感。記得遵照醫生的處方服用止痛藥物（服用分量和每日服用次數）。如果藥物的作用不大，或者小朋友在服用後感到不適，請立即聯絡醫生。

　　在手術後的幾個星期，小朋友可能會表現得和平時不太一樣，他可能會半夜醒來，比平時更加依賴你，害怕陌生人或者對陌生人發脾氣……這些情況都會一步一步改善。你可以鼓勵他模仿醫生做手術，讓他把住院的經歷說出來或者畫出來。通過這些方法，小朋友會漸漸走出住院時不開心的回憶。記得多多鼓勵他，告訴他「你已經很勇敢了，你知道如何克服困難！」。

打石膏

假如你不小心骨折，在骨折癒合期間，必須固定骨折的地方，以免移位。那時便需要打**石膏***。石膏可以保護你的手臂和腿部，讓它們維持在固定的位置，從而加快復原。

一開始你可能會覺得石膏很重很麻煩，但是你會慢慢適應。

在恢復的過程中，你必須好好保護你的石膏。接下來，你將會找到許多有用的建議。

如何與石膏共處？

打完石膏後的前幾天

為了避免你的手臂或腿部腫脹（我們稱之為水腫），你可以經常抬起你的手腳或者活動你的手指和腳趾。

當你坐下的時候，你可以嘗試把手肘撐在桌子上或者抬高你的腿。

在你躺下的時候，你可以用枕頭墊高你的手臂或腿部。

 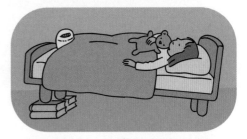

我們還可以適當地墊高牀腳。

在恢復期間

為了方便你戴着石膏走動，我們會根據不同的情況建議你使用輪椅、拐杖或者手臂吊帶。

如何保護石膏？

千萬別把石膏弄斷或弄壞！

在學校的時候，避免於小息時間在走廊與人打鬧推撞。

你不能夠在恢復期間做運動，但是你可以觀看比賽！

記得不要抽掉隔在皮膚和石膏之間的那層紗布。

不要把它弄濕！

你可以使用毛巾手套擦洗身體，也可以在淋浴或沐浴的時候用密封塑膠袋把石膏包起來。

我們也可以用食物保鮮紙把石膏包起來。市面上還有乳膠製的密封保護套，它可以發揮防水的功效，有效地保護石膏。

以上這些建議可以有效保護石膏，延長它的使用壽命。
如果你不小心破壞、弄斷或沾濕了石膏，那麼你需要
重新打一次石膏，恢復時間也會更長。

如何拆除石膏？

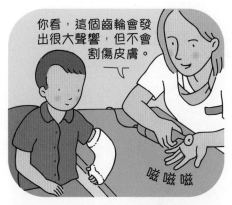

我們可以使用一個電動石膏鋸，上面配有一個小齒輪。

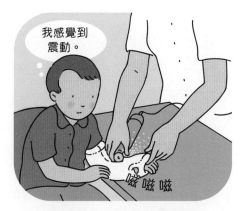

齒輪可以把石膏從兩邊切開。

我們會用牽開器把石膏拆開兩半，然後用圓頭剪刀剪開紗布。

拆石膏會痛嗎？

不會，但可能會引起不適：

- 電動石膏鋸會震動而且發出巨大的聲響。有需要的話，你可以戴上耳機聽音樂。
- 小齒輪和石膏之間的摩擦會導致齒輪變熱。我們有時候會在石膏和皮膚之間加一層保護墊。

若你感覺石膏過熱，請立即告訴護士。他會暫停拆除過程，先冷卻一下再繼續。

更多相關信息

石膏是用什麼做的?

除了傳統石膏,還有一種叫作輕樹脂的物料可用來做石膏。每種物料都有它的優勢和不足,醫生會根據你的受傷情況選用最適合你的石膏。但無論是哪種材料,保護石膏時的注意事項都是相同的。

打完石膏後覺得傷口很癢,可以怎麼辦?

這十分令人困擾,尤其是在剛打完石膏的時候,傷口容易發癢。最好的方法就是忍耐,直到痕癢的感覺過去,因為搔癢不會改善痕癢的狀況,只會越搔越癢。如果這種狀況持續,醫生會開止癢的藥物。

- 如果你忍不住搔癢,請避免使用較為尖銳或鋒利的物件,你可能會無意間損害你的皮膚造成傷口感染。

- 千萬不要用筆搔癢,筆蓋可能會嚴重刮傷你的皮膚,甚至卡在石膏裏面無法取出。

什麼時候才能拆除石膏?

恢復的時間可以是三周、一個月甚至更久。這沒有固定的標準。醫生會照X光檢查你的恢復情況,這個問題會由他來答。

拆除石膏後,我需要進行康復訓練嗎?

多數情況下,如果你是骨折了,你不需要進行康復訓練。通過日常生活的活動,你的手臂或腿部會逐漸恢復肌肉力量。

立即告訴你的父母,然後到醫院讓醫生檢查你的石膏。

給家長的話

　　如果你的孩子需要打石膏，你要盡力協助他適應「暫時性殘疾」帶來的日常困擾（失去部分自理能力、行動困難等等），還要細心地照顧他，讓他可以儘快康復。以下列舉了幾點注意事項和可行的建議。

打石膏後的幾個小時

- 如果你的孩子難以活動手指或腳趾，甚至完全無法移動
- 如果他的手指或腳趾出現腫脹、變冷、變蒼白或者發青
- 如果他在移動手腳的時候感到異常疼痛
- 如果他感到強烈的痕癢或刺癢
- 如果他感到小腿或者大腿腫脹和疼痛。

無論是白天還是晚上，請立即到醫院急症室。醫生可能要拆掉石膏，放鬆手臂或者腿部的壓力，然後用石膏或者樹脂重新加固石膏。

打石膏後的前幾天

- 如果石膏變得過大（石膏內部裂開了）

　>請立即前往醫院急症室。這個石膏壞掉了，需要另外再打一次石膏。

在治療期間的任何時候

- 如果石膏出現不尋常的顏色或血漬
- 如果石膏發出臭味
- 如果小朋友可以活動本來被固定的關節部位（這可能是因為石膏已經損壞了或者石膏內部裂開了）

　>請立即前往醫院急症室。

- 如果石膏的邊緣損壞了或者令皮膚摩擦受損

　>請以專用膠貼黏貼石膏邊緣，以防皮膚受損。

如有任何問題，請直接聯絡負責打石膏的醫療機構。

詞彙表

第8頁

醫生

醫生負責幫你做身體檢查，在你生病的時候給予治療並且提供一些衛生建議讓你保持身體健康。在有需要的情況下，他會為你處方藥物、做額外的檢查（抽血、照X光等等）或者進行其他治療。

醫生分為不同的專業：

- 普通科醫生負責照顧有需要的人的身體健康（無論是大人還是小朋友，無論年紀和疾病的類型）。
- 專科醫生專門負責治療身體某個部位或者針對某些疾病（例如皮膚科醫生專門治療皮膚病）。
- 有一些醫生在私人企業工作，專門負責提供跟工作相關的職業治療。
- 有些醫生會在大學裏工作，他們會進行學術研究，也同時會醫治病人。

診所

診所是除了醫院之外醫護人員工作的地方，例如普通科醫生、牙醫、物理治療師等。有些需要預約，有些則不用。診所一般有一間診症室和一間候診室。有些診所由幾個醫生共同經營，例如兩個普通科醫生或者一個兒科醫生加一個語言治療師。他們有各自的診症室，但是共用一個候診室。

醫院

醫院是負責照顧傷者和患者的地方。這些病人一般無法在家或在診所進行治療。醫院分為許多不同部門，這些部門有各自的功能，例如：

- 兒科門診針對18歲以下的幼兒及青少年
- 老人科門診針對老年人
- 外科手術部負責進行手術
- 急症室提供24小時診症服務

醫院還會提供專科門診的預約服務。另外，去醫院看醫生不代表需要入住醫院。日間病房可以讓你白天留在醫院接受治療，但是不能過夜。你可以在進行日間手術時入住日間病房。

第10頁

健康紀錄

香港醫院一般使用電子健康紀錄。內容包括你的身高、體重、曾接種的疫苗以及其他自出生以來與健康相關的資料。所有的資料都是保密的，只有你和照顧你健康的人會知道這些內容。

第11頁

護士

護士負責在醫院照顧你，向你解釋治療的流程，並會根據醫生的指示幫你治療（例如包紮和抽血）、提供藥物、檢查你的體溫、血壓等等。不是所有的護士都在醫院工作，有些護士在診所工作，有些則上門照顧病人，稱為私家看護。兒童護理員是專門照顧兒童健康的護士。

第16頁

聽診器

聽診器可以聽到你的心跳和空氣進入肺部的聲音，以便醫生確認你的身體健康狀況。在聽診的過程中，你不可以發出聲音。有時候醫生會要求你深呼吸或者咳幾聲。

第18頁

扁桃體

扁桃體是位於喉嚨內部的腺體，左右各一個。你可以張開嘴用鏡子看到它們。扁桃體和腺樣體一起為身體築起一道防護牆，抵禦從空氣吸入的細菌和病毒，並把它們消除。

壓舌棒

壓舌棒是一根扁平的小棒子。它用來壓住舌頭以方便醫生檢查喉嚨的內部。

第19頁

檢耳鏡

檢耳鏡用於檢查耳朵內的鼓膜，它可以照射出一點光線，方便醫生觀察耳朵內部。

第21頁

血壓計

血壓計用於測量血壓（血液在身體流動時產生的壓力），從而確保你的心臟運作正常。醫生會把臂帶套在你的手臂上，然後為臂帶充氣。然後臂帶膨脹，緊緊地包住你的手臂，但不會維持很長時間。

第22頁

疫苗

我們一般會在臂膀或者大腿打預防針，這個過程叫作接種疫苗。它可以幫助身體提前做好準備，抵禦危險的疾病。疫苗裏面是弱化的細菌或者病毒，它可以讓你的身體學會消除這種病菌。無論是嬰兒、小朋友還是大人都可以接種疫苗。

第23頁

處方

處方是一張清單，醫生會在上面記錄：

- 藥物名稱。這些藥物有助治療你的疾病。
- 醫療檢查的名稱，以便醫生進一步了解你的病情。

藥劑師會根據醫生開的處方幫你準備藥物，並且告訴你藥物的服用方法，例如何時服用、服用的分量、每日服用次數等等。

心理醫生

心理醫生也會聽你傾訴、嘗試理解你，然後幫助你解決煩惱。在香港，心理醫生一般是指臨床心理學家，他們可以從事學術研究工作，但是不能夠開處方藥物。心理醫生可以幫助小朋友、青少年和成年人。

兒童精神科醫生

精神科醫生會聽你傾訴、嘗試理解你，然後幫助你解決煩惱。在心理／精神治療的範疇裏，只有精神科醫生

可以給病人開處方藥物。兒童精神科醫生主要負責處理兒童和青少年的精神健康問題。

第25頁

打針

打針是常見的醫療手段，打針是為了：

- 把某一種藥物注射入你的身體，可以注射進皮膚組織（疫苗）或者血液（吊鹽水）。
- 從身體抽取某種液體進行分析，例如抽血、腰椎穿刺等等。

用打針的方式把某些醫學成分注入身體的過程叫作注射。

反之，用打針的方式從身體抽取液體的過程可叫作抽血或者抽取體液。

第28頁

牙醫

牙醫是負責檢查及治療牙齒的醫生，例如蛀牙或者牙齒斷裂等。他還會告訴你如何保護牙齒以免牙齒損傷。牙醫也叫作口腔外科醫生。

第30頁

牙鑽

牙鑽是一個細小的金屬器具，在渦輪的作用下可以快速旋轉。牙醫會使用牙鑽治療蛀牙：牙鑽旋轉的時候可以摩擦牙齒，清除細菌感染的部分。

第31頁

無影燈

無影燈是一盞可隨意移動的強力電燈，它比普通電燈大，一般會在手術室或在牙醫診所使用。它不會投射出陰影，方便醫生在做手術時觀察清楚身體各部分。

第33頁

照X光

照X光可以為你的身體內部「拍照片」，檢查你的骨骼和某些器官。

在某些情況下，我們需要用顯影劑填滿某個器官，讓X光照得到它，例如拍胃部X光片。

一般情況下，照X光不會痛，但是需要固定維持某個姿勢，這可能會有點不舒服。

通常我們需要換不同姿勢，從不同角度拍X光片。

如果你的家長陪你進入放射室，他們需要穿上特別的防護衣。

第34頁

麻醉

麻醉的方式有很多種

- 全身麻醉

在你需要做手術或者做某項健康檢查的時候，全身麻醉可以讓你入睡，以避免產生痛楚。麻醉科醫生可以幫你打麻醉針或者讓你戴上麻醉面罩呼吸。麻醉就像是一種特殊的睡眠，讓你在手術時什麼也聽不見、看不見、感覺不到，直到手術結束你才會醒來。全身麻醉後，你的心臟依然跳動，呼吸正常，但是消化系統暫停，所以在麻醉前不可以吃任何東西（可參考詞彙「空腹」）。

- 半身麻醉

在某些手術中，麻醉科醫生會採用半身麻醉緩解你身體的疼痛，一般用於麻醉下半身或腿部。做完半身麻醉後，你可

以保持清醒但不會感覺到任何疼痛。
- 局部麻醉

某些治療可能會引致疼痛，例如醫治牙齒或者傷口縫合。所以在開始之前，醫護人員會幫你做局部麻醉，讓身體的一小部位「睡着」。

第44頁
放射室操作員

放射室操作員負責幫你照X光。他會向你解釋檢查的流程，幫你調整拍照的身體姿勢。然後他會在防護玻璃板後遠距離操控儀器。

第48頁
空腹

空腹是指不吃不喝幾個小時，從而清空胃部。你需要在空腹下做手術或者進行某些身體檢查，例如內窺鏡檢查或者某些血液測試。

安桃樂

安桃樂是從麻醉面罩釋放的一種混合氣體。它可以放鬆你的肌肉，緩解治療所帶來的疼痛。它無色無味，就像空氣一樣。

第73頁
抽血

抽血是指用打針的方式從你的身體抽取少量血液。醫生會把它放進特別的機器做檢查，然後他便可以從你的血液成分了解你的身體狀況或者病情。

吊鹽水

吊鹽水是通過一條管道連接你的靜脈，從而把「鹽水」直接輸入你的血液中。管道的另一端連接着裝着「鹽水」的袋子或水泵。

這些「鹽水」的成分為：
- 需要快速見效的藥物，例如止痛藥
- 含有糖分或者鹽分的水，為身體提供營養
- 用於治療病情的藥物，例如化療藥物
- 麻醉藥，幫助病人在手術前入睡

為了將管道連接你的靜脈，我們需要幫你打針。

第76頁
止血帶

止血帶是一條有彈性的繃帶。它用於綁住你的手臂，令你手上的靜脈更加明顯，方便抽血。

第77頁
麻醉藥膏

麻醉藥膏是一種特別的藥膏，它可以讓你的皮膚「入睡」，這樣在打針或者進行其他治療的時候（例如切除皮膚上的疣），你便不會感到疼痛。在打針或治療前一個小時，我們可以把藥膏塗在特殊的紗布上或者直接用含有麻醉成分的藥貼。麻醉藥膏是一種局部麻醉。

第79頁

導管

導管可用於吊鹽水。它由一個針頭和一條又細又柔軟的小管道組成。管道會隨針頭進入靜脈，然後針頭會被拔掉，而管道則繼續連接着靜脈。成功連接後，身體可以自由活動不受管道影響。

第96頁

疼痛

疼痛是一種讓人不舒服甚至痛苦的感受。它就像是身體的警報器一樣，提醒你注意自身的疾病和外界的危險，例如避免燒傷。它還可以幫你發現身體的疾病，例如喉嚨痛代表你可能患上咽喉炎。

疼痛也可以是一種情緒。例如當你感到疼痛時，你會感到痛苦。但是在你傷心或不幸的時候，你也會感到痛苦。所以有時候我們較難區分感受和情緒。

當你生病需要治療或者做手術，這個過程也可能會引致疼痛，但我們可以用很多方法避免和緩解疼痛。

第103頁

疼痛量表

疼痛量表可以讓醫生或護士知道你感到「有多痛」：

- 完全不痛
- 輕微痛
- 很痛
- 非常痛

我們還可以用這個量表，確認舒緩疼痛的效果。

疼痛量表的例子包括：

- 用臉譜表示疼痛的程度
- 量表上有一個紅色三角形的圖案和一根可移動的指針。指針指向不同的疼痛程度

第111頁

醫療團隊

醫療團隊的由一羣負責為你治療的醫護人員組成，當中包括醫生、護士、護理員等等。不同的團隊日夜輪流照顧病人，他們可以通過查看你的病歷了解你的身體狀況。

第113頁

傷口縫合

傷口縫合是指把傷口兩邊重新連結在一起，讓傷口癒合，從而加快傷口結疤。目前存在許多方法讓傷口癒合：

- 使用藥水膠布
- 使用抗菌凝膠或藥膏
- 傷口釘針
- 傷口縫線（就像縫紉一樣）

第114頁

外科醫生

外科醫生負責幫傷者和患者做手術。他幫病人做完身體檢查後，會決定是否需要做手術。手術前，他會向你和你的家長解釋手術的流程和治療方法。手術期間，他會和麻醉師以及專科護士一起完成手術。手術後，他會為你開處方藥物，然後講述接下來的治療。外科醫生會專門醫治身體某個部位：骨頭、腹部的器官、心臟、腦部、眼睛⋯⋯

第118頁

麻醉科醫生

麻醉科醫生是在手術或者身體檢查前幫你進行麻醉的醫生。他還負責觀察你在復蘇室時的身體狀況，確認你是否感到疼痛，並在有需要時幫你止痛。

第121頁

護士長

護士長一般負責管理醫院護理部的工作。

護理員

護理員是專門負責照顧病人的醫護人員。他在醫院照顧病人的日常所需，例如準備膳食、整理牀鋪等等。在有需要的情況下，他會幫病人完成一個人無法做到的事：進食、走動、洗漱、穿衣服、使用洗手間等。

醫院雜工

醫院雜工負責打掃衞生以及看管醫院財物。

第122頁

手術服

手術服是指進入手術室需要穿的衣服，它由特殊的材料製成，可以避免細菌滋生。全套包括：

* 手術帽
* 外科口罩，用於掩蓋口鼻
* 防護鞋
* 一雙又薄又乾淨的手術手套
* 手術袍

術前用藥

術前用藥指在全身麻醉前使用藥物，以放鬆你的身體。這種藥物可以是藥片、藥水或者栓劑。

在某些可能引致疼痛或不適的身體檢查，我們也可以採取術前用藥。

第123頁

擔架員

擔架員負責把傷者或患者從一個部門運送到醫院的另一個部門。他們一般使用擔架或輪椅進行運送。

手術室

手術室是外科醫生和其醫療團隊為傷者和患者做手術的地方。

麻醉誘導期

這是做全身麻醉前的一個階段。麻醉科醫生會幫你打麻醉針或者戴上麻醉面罩呼吸。兩種方法一樣有效。麻醉誘導期可以在手術室或者旁邊的麻醉誘導室進行。

第124頁

心臟監察儀

心臟監察儀負責在手術期間監測你的心跳。它連接着三條線，每條線的末端附有特別的凝膠，用來黏貼在你的胸口。這個儀器會發出嗶、嗶的聲音，並在屏幕上顯示你心臟跳動的頻率。

血氧儀

血氧儀是一個小夾子。手術前，醫生會把血氧儀夾在你的手指或腳趾末端，夾子的另一端連接着一部儀器，它可以監視你的呼吸狀況。

血氧儀會發出紅光，它可以確認你的血氧濃度：如果你的血液有充足的氧氣，這代表你呼吸正常。

第127頁

呼吸機

呼吸機是一種幫助你呼吸的儀器，它常用於某些需要長時間麻醉的手術。麻醉科醫生會把一根又細又軟的管道放進你的喉嚨，為你的肺部提供氧氣。醫生一般會在你醒來之前移除管道。正是因為這條管道的原故，你在全身麻醉醒來後常常會感到喉嚨疼痛。

第129頁

復蘇室

手術後，你會在復蘇室醒來。在這段時間，麻醉科醫生會觀察你的身體狀況，確認你是否感到疼痛。如果你狀態良好，醫生會讓你回到病房。等麻醉成分的藥效過去後你就會醒來。在某些醫院，家長可以進入復蘇室陪伴孩子。

第139頁

腺樣體

腺樣體位於鼻咽與喉嚨內部之間。你張大嘴巴不能夠看見它。腺樣體和扁桃體為身體築起一道防護牆，抵禦通過呼吸道進入的病菌，然後將病菌一併消滅。

第151頁

麻醉諮詢

當你要做手術，你和你的父母需要和麻醉科醫生進行一次麻醉諮詢。他會為你做身體檢查，確保你適合進行麻醉，然後他會解釋當天手術的安排。你可以藉此機會提問，例如關於麻醉和手術流程的問題。

麻醉諮詢是強制性的，一般在手術前幾日進行。你諮詢的麻醉科醫生未必負責手術當天的麻醉，他會和醫療團隊一起合作，與其他麻醉科醫生溝通，幫你完成手術。諮詢時，醫生還會告訴你手術可能引起的疼痛以及舒緩疼痛的方法。

第155頁

石膏

石膏就像是一層堅硬的外殼，它可以保護你身體需要治療的部位，並且把它固定在合適的位置，例如當你骨折後，石膏可以幫你的骨頭維持在固定的位置，促進骨骼的癒合。

石膏的成分除了石膏之外，還有一種叫作輕樹脂的物料。

鳴謝

SPARADRAP協會提供的所有資料全是共同努力的成果。
本書的內文由SPARADRAP協會的成員所撰寫：

Françoise GALLAND

Sandrine HERRENSCHMIDT

Dr Didier COHEN-SALMON

Myriam BLIDI

感謝其他工作團體的成員以及專業人士參與合作及提供資料：

Dr Daniel ANNEQUIN, Association ATDE-PEDIADOL, Association Hospitalière des
Gypsothérapeutes de France, Association de l'Ostéogénèse Imparfaite, Odile BAGHERIBONJAR,
Dominique BALDASSARI, Caroline BALLEE, Annie BANNIER, Pr Jérôme BERARD,
Patrice BLANC, Laetitia BOBILLIER, Nicolas BRUN, Muriel BULLET, Hélène CASTONGUAY,
Pr Jean-François CHATEIL, Nadia CHATELAIN, Pr Franck CHOTEL, Dr Pierre CHRESTIAN,
Dr Patrick CLAROT, Jean-Michel COQ, Xavier COURTIES, Dr Sylvie DAJEAN-TRUTAUD,
La Défenseure des Enfants, Dr Hervé DENIEUL, Sophie DESBOVES-DIOUF, Dr Catherine
DEVOLDERE, Catherine DIEUDONNE, Dr Christophe FOUCAULT, Dr Elisabeth FOURNIERCHARRIERE,
Mélanie GAILLIOT, Roland GARDEUX, Christiane GONTHIER, Dr Isabelle GRAGNIC,
Catherine HOLZMANN, Malka JAKUBOWICZ, Marie-Pierre JANVRIN, Laurence
JAYLE, Sylvie JEGADEN, Marie-Pierre JOSEPH, Béatrice LAMBOY, Bénédicte LOMBART,
Brigitte MACE, Pr Jean-François MALLET, Dr Pierre MARY, Nathalie MEUNIER, Yves MEYMAT,
Odile NAUDIN, Sylvie PACQUOT, Céline PENET, Ghislaine PERES-BRAUX, Florence PEREZ,
Maryvonne PETIT, Juliette PHETO, Catherine ROUBY, Dr Soazig ROUSSEAU, Jean-Pierre
SALASC, Dr Françoise SCHEFFER, Marielle SCHOTT, Dr Nicole SILVESTRE, Brigitte THIERRY,
Dr Barbara TOURNIAIRE, Dr Isabelle VINCENT, Paule VIRY.

還有感謝所有參與編製的小朋友、家長、專業醫護人員及兒童發展專家。

"父母會得到有關孩子病情進展的資料，兒童亦會得到與其相應年齡及理解能力的解釋，知悉病況。"

《歐洲兒童留院協會約章》第4條。由歐洲各個協會於1988年共同編寫。